中文版

Photoshop+Illustrator
商业案例
项目设计 完全解析

于萌萌 编著

U0197881

清华大学出版社
北京

内 容 简 介

本书是一本商业案例用书，全方位地讲述了Photoshop与Illustrator相结合在现实设计中常用的11类商业案例。本书共分为11章，具体包括标志设计、卡片设计、DM设计、海报广告设计、户外广告设计、报纸广告设计、杂志广告设计、插画设计、包装设计、网页设计、UI设计等内容，本书涵盖了日常工作中所使用的全部工具与命令，并涉及各类平面设计行业中的常见任务。

本书附赠案例的素材文件、效果文件和视频教学文件，同时还提供了PPT课件，以提高读者的兴趣、实际操作能力以及工作效率，读者在学习过程中可参考使用。

本书着重以案例形式讲解平面设计领域，针对性和实用性较强，不仅使读者巩固了学到的Photoshop与Illustrator技术技巧，更是读者在以后实际学习和工作中的参考手册。本书适用于各大院校、培训机构的教学用书，以及读者自学Photoshop与Illustrator的参考用书。

图书在版编目(CIP)数据

中文版 Photoshop+Illustrator 商业案例项目设计完全解析 / 于萌萌编著 . —北京：清华大学出版社，2020.6（2023.6重印）

ISBN 978-7-302-55443-1

Ⅰ.①中… Ⅱ.①于… Ⅲ.①图形软件 Ⅳ.① TP391.412

中国版本图书馆 CIP 数据核字 (2020) 第 084742 号

责任编辑： 韩宜波
封面设计： 李　坤
责任校对： 吴春华
责任印制： 曹婉颖

出版发行： 清华大学出版社

网　　　址：http://www.tup.com.cn，http://www.wqbook.com			
地　　　址：北京清华大学学研大厦 A 座	邮　　编：100084		
社　总　机：010-83470000	邮　　购：010-62786544		

投稿与读者服务：010-62776969，c-service@tup.tsinghua.edu.cn

质　量　反　馈：010-62772015，zhiliang@tup.tsinghua.edu.cn

印 装 者： 小森印刷（北京）有限公司

经　　销： 全国新华书店

开　　本： 190mm×260mm　　**印　张：** 16　　**字　数：** 430 千字

版　　次： 2020 年 7 月第 1 版　　**印　次：** 2023 年 6 月第 3 次印刷

定　　价： 78.00 元

产品编号：084282-01

Adobe Photoshop简称PS，Adobe Illustrator简称AI，是由Adobe Systems开发和发行的图像处理软件和矢量图制作软件。Photoshop与Illustrator作为Adobe公司旗下最著名的图像处理与矢量图制作软件，其应用范围覆盖整个图像处理、矢量图制作和平面设计行业中。

基于Photoshop与Illustrator在平面设计行业的应用程度之高，所以本书将以一些商业案例为主，介绍Photoshop与Illustrator在平面设计行业中的具体操作步骤。商业案例的制作步骤包括：设计思路、配色分析、构图布局、设计方案的制作。

本书介绍使用Photoshop CC和Illustrator CC中文版软件，根据编者多年的平面设计工作经验，通过理论结合实际的操作形式，系统地介绍Photoshop与Illustrator软件在现实生活中涉及的领域。内容包括常用、实用的11个行业领域，涉及标志设计、卡片设计、DM设计、海报广告设计、户外广告设计、报纸广告设计、杂志广告设计、插画设计、包装设计、网页设计、UI设计等内容。每章都会有至少两个案例详细地介绍操作步骤和方案设计，从中吸取一些美学和设计的理论知识，在各章中都列举了许多优秀的设计作品以供欣赏，希望读者在学习各章内容后通过欣赏优秀作品既能够缓解学习的疲劳，又能提升审美品位。

本书内容安排具体如下。

第1章为标志设计。主要通过讲述标志的概念及作用、类型、设计原则等方面来学习标志的设计。

第2章为卡片设计。主要通过讲述卡片设计的概述及作用、尺寸、设计原则、设计构图、种类等方面来学习卡片的设计。

第3章为DM设计。主要通过讲述DM设计概述及作用、分类、组成要素、设计原则等方面来学习户外广告设计。

第4章为海报广告设计。主要通过讲述海报广告设计概述、分类、应用形式、设计步骤、设计元素等方面来学习海报广告设计。

第5章为户外广告设计。主要通过讲述户外广告设计的概述与应用、特点、广告形式、制作要求等方面来学习户外广告设计。

第6章为报纸广告设计。主要通过讲述报纸广告设计的概述与应用、分类、客户需求、优势与劣势等方面来学习报纸广告设计。

第7章为杂志广告设计。主要通过讲述杂志广告设计的概述与应用、特点、常用类型、制作要求等方面来学习杂志广告设计。

第8章为插画设计。主要通过讲述插画的概述与应用、学习插画设计应了解的内容等方面来学习插画设计。

第9章为包装设计。主要通过讲述包装设计的概述与应用、分类、构成要点等方面来学习包装设计。

第10章为网页设计。主要通过讲述网页设计的概述与应用、布局分类形式、制作要求、网页配色概念及网页安全色等方面来学习网页设计。

第11章为UI设计。主要通过讲述UI设计的概述与应用、分类、色彩基础、设计原则等方面来学习UI设计。

本书摒弃了繁杂的基础内容和烦琐的操作步骤，力求精简的操作步骤实现最佳的视觉设计效果，为了让读者更好地吸收知识，提高自己的创作水平，在案例讲解过程中，还给出了实用的软件功能技巧提示以及设计技巧提示，可供读者扩展学习。全书结构清晰，语言浅显易懂、案例丰富精彩，兼具实用手册和技术参考手册的特点，具有很强的实用性和较高的技术含量。

本书由淄博职业学院的于萌萌老师编写，其他参与编写的人员还有王红蕾、陆沁、吴国新、时延辉、戴时影、刘绍婕、尚彤、张叔阳、葛久平、孙倩、殷晓峰、谷鹏、胡渤、刘冬美、张希、赵頔、张猛、齐新、王海鹏、刘爱华、张杰、张凝、王君赫、潘磊、周荣、周莉、金雨、陆鑫、刘智梅、曹培军等，在此表示感谢。

由于作者知识水平有限，书中难免有疏漏和不妥之处，恳请广大读者批评、指正。

编 者

目录

第1章　标志设计　001

第2章　卡片设计　022

045 第3章 DM设计

中文版Photoshop+Illustrator商业案例项目设计完全解析

第4章　海报广告设计　069

第5章　户外广告设计　087

114

第6章　报纸广告设计

第7章　杂志广告设计　134

第8章　插画设计　153

176　第9章　包装设计

198　第10章　网页设计

中文版Photoshop+Illustrator商业案例项目设计完全解析

第11章　UI设计　220

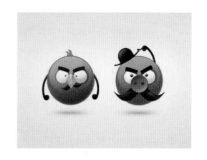

本章重点:
- 标志的概念及作用
- 标志的分类
- 标志的设计原则
- 商业案例——地产标志设计
- 商业案例——咖啡馆标志设计
- 优秀作品欣赏

01 第1章 标志设计

标志设计对于设计师来说是一项无法绕开的设计内容。标志设计也被称为Logo设计,是整个VI视觉识别系统中的灵魂。标志是具有某种含义的视觉符号,犹如语言,起着识别、示意和传递信息的作用。它通过精炼的艺术形象,使人一目了然。它具有很强的概括性与象征性,同时也有着独特的艺术魅力。

本章从标志的分类、设计原则等方面着手,通过对商业案例的详细制作来引导大家快速对标志设计进行掌握。

视觉符号,将经营理念、企业文化、经营内容、企业规模、产品特性、优质服务、活动宗旨等要素,传递给社会公众,使之识别和认同企业的图案和文字,如图1-1所示。

图1-1

标志是用特定图形和文字及其组合表示和代表某事物的符号,是一种信息传播的视觉符号,具有象征性的图形设计,传达特定的企业信息。现代社会中对于标志的依赖是不可或缺的,标志在使用时的主要功能可以分为以下几点。

- 向导功能:为观者起到一定的向导作用,同时确立并扩大了企业的影响。
- 区别功能:为企业之间起到一定的区别作用,使得企业具有自己的形象而创造一定的价值。
- 保护功能:为消费者提供了质量保证,为企业提供了品牌保护的功能。

★★★★ 1.1 标志的概念及作用

无论是国内还是国外,标志最初都是采用生活中的各种图案的形式。可以说,它是商标标识的萌芽。如今标志的形式多种多样,不再仅仅局限于生活中的图案,更多的是以所要传达的综合信息为目的,成为企业的"代言人"。

标志通过造型简单、意义明确的统一标准的

★★★★ 1.2 标志的分类

在对标志进行设计时大体可分成4类,其中包括:依据使用范围进行划分、依据造型特色进行划分、依据构成因素划分和依据造型要素划分。

1.2.1　依据使用范围进行划分

对于标志的使用范围大致可分为社会团体机构类标志、企业类标志和安全示意类标志。

1.社会团体机构类标志

社会团体机构类标志为国家、国际机构、各社会团体、社会党派所专用，其图形和颜色具有特定的含义和历史意义，并可作为某种权力、权威或特定领域的象征，如图1-2所示。

图1-2

2.企业类标志

企业类标志可分为企业标志、商品标志。其表示企业的性质、企业文化和企业经营理念等。象征着企业的精神面貌、规模、历史等，具有商业性和法律性质，如图1-3所示。

图1-3

3.安全示意类标志

安全示意类标志是为了引起警惕、严防灾祸、保护人类的生命财产安全而设计的标志，在各行业中起着解释、指示、向导、沟通思想、联络交际、减少麻烦、维护秩序的作用，如图1-4所示。

图1-4

1.2.2　依据造型特色进行划分

对于标志的造型特色大致可分为具象类标志、抽象类标志和半抽象类标志。

1.具象类标志

具象类标志是对自然界、生活中的具体物象进行一种模仿性的表达，其设计主要取材于生活和大自然中的人物、动物、植物、静物、风景等。具象类标志是从真实世界中抽取具体形象加以简化提炼成为一个具有识别度和代表性的图案，具有特征鲜明、生动的特点，贴近生活且易感染受众，如图1-5所示。

图1-5

2.抽象类标志

抽象类标志是以抽象的图形符号来表达标志的含义，以理性规划的几何图形或符号为表现形式。为了使非形象性转化为可视特征图形，设计者在设计创意时应把表达对象的特征部分抽象出来，可以借助于纯理性抽象形的点、线、面、体来构成象征性或模拟性的形象，如图1-6所示。

图1-6

3.半抽象类标志

半抽象类标志常常有着现实形态的基本暗示，却又加以拆分、重组、添加、变形，使新形态介于具象和抽象之间。其特点是能包纳抽象和具象已不能完全包纳所出现的新艺术图形特点，如图1-7所示。

图1-7

1.2.3　依据构成因素划分

对于标志的构成因素大致可分为文字类标志、图形类标志和图文结合类标志。

1. 文字类标志

文字类标志目前在各个行业中使用非常普遍，其特点是比较简明，便于称谓，通过文字直接表示出行业的含义，可以使受众产生亲近感。但是，文字类标志也有其不足之处，就是容易受地域、语言的限制。文字类标志大体可包括中国汉字和少数民族文字、外国文字和阿拉伯数字或以各种不同文字组合的标志，如图1-8所示。

图1-8

2. 图形类标志

图形类标志是指仅用图形构成的标志。图形类标志丰富多彩，千变万化，可采用各种动物、植物以及几何图形等图形构成。图形类标志的特点是不受地域、语言的限制，人人都可以看懂，易于给人留下较深的印象，比较直观，艺术性强，并富有感染力，如图1-9所示。

图1-9

3. 图文结合类标志

图文结合类标志是图形与文字融合在一起的一种图形表现形式，集中了文字标志和图形标志的长处，

克服了两者的不足，其特点是形象更直观、寓意更丰富、形式更多样，同时更有亲和力，如图1-10所示。

图1-10

1.2.4　依据造型要素划分

根据标志设计的造型要素，标志可分为点、线、面、体、综合5类。众所周知，点、线、面是标志设计中的基础，有的人不屑于去研究基础知识，殊不知，这些所谓的基础，就是将来所设计的骨骼。

1. 点标志

通常来说，"点"是被用来表示位置的，不表示面积、形状。"点"虽由一定的面积构成，但对于大小面积的界面，主要是看它相对于与什么样的对象进行对比所决定的。

在标志设计中所谓的点，不单单存在数学中地位的概念，还具备大小、外形、方向等详细的属性。因为点具备了凑集视线的作用，所以，标志中以点呈现的元素，往往是凸显企业标志设计含义的要点。在造型形式中，点在标志中还起到了一种活泼元素的作用，使得标志的形态更加活跃、活泼，如图1-11所示。

图1-11

▶ 温馨提示

在标志设计中，有两种情形必须考虑。首先注意"点"与整个标志的关系，即"点"的大小、比例。"点"同其他视觉元素相比，比较容易形成画面视觉中心，甚至起到画龙点睛的作用。考虑"点"的大小、比例与版面的关系，是为了获得视觉上的平衡与愉悦；其次，组织、经营"点"与标志中其他视觉元素的关系，构成标志的整体和谐美感。

2. 线标志

"线"只具有位置、长度、方向，而不具有宽度和厚度，它是"点"进行移动的轨迹。从造型含义上说，它是具体对象的抽象形式，所以"线"的位置、长度和一定的宽度是可感知的。"线"是对"点"静止状态的破坏，因此由"线"构成的视觉元素更显得丰富，形式更为多样，如图1-12所示。

图1-12

3. 面标志

面是标志中表示标志形状的主要载体。面的虚实关系，也是标志视觉档次体现的重要手段。不同表情的面，为标志带来不同的视觉感触，从而达到不同的象征意义，如图1-13所示。

图1-13

4. 体标志

通过对形与形的构成原理及形的重复、渐变、发射、光影等产生体感的新形态，其有着三维空间的视觉效果。体的标志图形能更好地演绎品牌或者企业机构形象广泛而深刻的内涵，也只有多维空间的标志图形才能满足现代人的审美意识，如图1-14所示。

图1-14

5. 综合标志

在设计实践中，往往是"点线面体"综合应用作为设计元素来展现最终标志的效果，如图1-15所示。

图1-15

图1-15（续）

1.3 标志的设计原则

在现代设计中，标志设计作为最普遍的艺术设计形式之一，它不仅与传统的图形设计相关，更是与当代的社会生活紧密联系。在追求标志设计带来社会效益的同时，还要创造出独一无二、简明易记并具有高价值的标志，因而在设计时需要遵循一些基本的设计原则。

1.3.1 独特性原则

独特性是标志设计的最基本要求。标志的形式法则和特殊性就是要具备独有的个性，不允许有丝毫的雷同，这使标志的设计必须做到独特别致、简明突出，追求与众不同的视觉感受，只有富有创造性、具备自身特色的标志，才有生命力并给人留下深刻的印象。只要是原创，出现雷同的概率就会很低，如图1-16所示。

图1-16

1.3.2 简明易记原则

简明易记是标志所应达到的视觉效果。其设计不能烦琐，因为只有图形简洁大方，易认、易记、易辨的标志，才能够在瞬间给人们留下深刻的印象，从而取得出奇制胜的效果，如图1-17所示。

图1-17

简明易记标志一般具有以下几个特征。

➤ 简洁的外形；
➤ 独特的表现；
➤ 强有力的色彩；
➤ 有趣的图形；
➤ 受众熟悉、喜闻乐见的内容。

1.3.3 通用性原则

通用性是指标志应具有较为广泛的适用性。标志设计的通用性，是由标志的功能与需要在不同的载体和环境中展示、宣传标志的特点所决定的，如图1-18所示。

图1-18

标志通用性的特征如下。

➤ 标志在不同环境下的通用性。从标志的识别性角度讲，要求标志能通用于放大或缩小，通用于在不同背景和环境中的展示，通用于在不同媒体和变化中的效果。
➤ 标志设计在包装设计中要具有通用性，要求商标的造型不仅美观，还需要注意使商标能与特定产品的性质及包装装潢的特点相协调。
➤ 标志在平面印刷、宣传媒体上要具有通用性，要求标志不仅能适用于制版印刷，还需能适应不同材料载体的复制工艺特点。

1.3.4 信息准确性原则

标志设计在信息传递过程中，能否让观者正确地理解，并与设计者所传达的思路一致，是非常重

要的。无论标志在设计上色彩多么鲜明，形式多么新颖独特，其目的都是要准确无误地表达标志的内涵，关键是要符合人们的认识心理和理解能力，以免引起误导，如图1-19所示。

图1-19

1.3.5 文化与艺术性原则

文化与艺术性标志在具体的标志形象中，要显现出文化属性，通过巧妙的构思和技法，将标志的文化、寓意与优美的形式有机结合起来。其特点是凸显民族传统、时代特色、社会风尚、定位准确、构思不落俗套、造型新颖大方等，如图1-20所示。

中国邮政储蓄银行 POSTAL SAVINGS BANK OF CHINA   indotrademart   COHO Brand™
图1-20

1.3.6 时代性原则

现代企业面对发展迅速的社会，日新月异的生活和意识形态，激烈的市场竞争形势，其标志形态必须具有鲜明的时代特征，要与时俱进。特别是许多老企业，有必要对现有标志形象进行检讨和改进，在保留旧有形象的基础上，采取清新简洁、明晰易记的设计形式。图1-21所示的图像便是大众汽车在不同时期的标志。

1937　1939　1945　1960

1967　1978　1995　1999　2000
图1-21

1.4 商业案例——地产标志设计

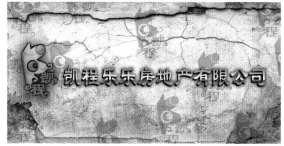

1.4.1 地产标志设计思路

　　本案例设计的是房地产行业的标志，设计初衷是按照公司首字母进行拼配，形成标志的雏形。既然是房地产，一定要有属于本行业的一些元素在标志里面，我们以建筑不可缺少的塔吊作为融入元素，将其添加到字母中，塔吊吊起的初升太阳，象征公司事业蒸蒸日上；拼配组合完毕后要能看出首字母名称，我们将修剪后的图形作为字母C将其放置到K的中心部位，此时就能在字母上看出标志的内容；将元素进行倾斜加以汉字作为平衡，让整体看起来有一种上楼梯的感觉，代表公司一路向上；最后加上类似花纹的修饰，目的是让整个标志不但看起来更稳，而且还很漂亮。能够在以上的几点中进行归类性设计，可以非常容易缩小标志的整体设计范围，让操作者更快地进入设计状态。本案例设计思路流程图如图1-22所示。

图1-22

1.4.2 房产标志配色

　　在对标志进行设计时，配色方面一般是将其控制在3种色系以内，色系太多的话，会使标志看起来太花哨，在视觉上不容易产生美感。配色时可以按照底色、主色和强调色总值为100%来进行色彩比例的分配，熟练掌握这几种颜色的使用比例，可以大大提升设计配色时间，如图1-23所示。

| 底色70% | 主色25% | 强调色5% |

图1-23

　　色彩有各种各样的心理效果和情感效果，会引起人各种感受和遐想。但是，还是要根据个人的视觉感受、个人审美、个人经验、生活环境、性格等决定。通常的一些色彩，视觉效果还是比较明显的，比如看见蓝色，会联想到天空、海洋的形象；看见红色的时候，会联想到太阳、火的形象。不管是看见某种色彩或是听见某种色彩名称的时候，心里就会自动描绘出这种色彩给我们的感受，不管是开心、是悲伤、是回忆等，这就是色彩的心理反应。

　　本案例地产标志设计在配色上以青色作为底色、橘色作为主色，青色给人清爽、寒冷、冷静的感觉；橘色给人热情、有力、活动的感觉。运用这两种颜色，目的就是不但要体现出冷静和执着的专注力，还要加上热情和勇敢的冲劲，让标志能像这两种颜色一样，冷静与热情共存。如果将其转换成无色彩也就是由黑、白相混合组成的不同灰度的灰色系列，此颜色在光的色谱中是不能被看到的，所以被称为无彩色，由黑色和白色相搭配的背景底色，可以使内容更加清晰，此时可以是白底黑字，也可以是黑底白字，中间部分以灰色进行分割，可以使整体标志看起来更加一致，无彩色的背景可以与任何的颜色进行搭配，如图1-24所示。

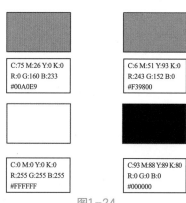

| C:75 M:26 Y:0 K:0
R:0 G:160 B:233
#00A0E9 | C:6 M:51 Y:93 K:0
R:243 G:152 B:0
#F39800 |
| C:0 M:0 Y:0 K:0
R:255 G:255 B:255
#FFFFFF | C:93 M:88 Y:89 K:80
R:0 G:0 B:0
#000000 |

图1-24

图1-24（续）

1.4.3　地产标志构图与布局

　　本标志的特点是按照从上向下排列，各个元素之间紧密相接。在布局和构图上以左上角为标志的最顶点，右下角以文字加花纹的形式作为整体的平衡，上面是以图形造型修剪出来的字母K和C，以此来体现标志名称中的"凯"和"程"，下面直接以文字的形式进行位置布局，结合变形后的藤蔓花纹，体现出藤蔓抓物的牢固形象，总体来说就是在根基牢固的基础上，支起来的抽象塔吊形象，完全能体现出整个标志的用途，如图1-25所示。

图1-25

1.4.4　使用Illustrator制作二维标志

■　制作流程

　　本案例主要利用"矩形工具" 和"椭圆工具" 绘制出矩形和正圆形，通过"多边形工具" 绘制三角形；然后运用"路径查找器"面板，将图形进行修剪，结合"旋转扭曲工具" 制作出图形边缘和文字边缘的旋转花纹区域；最后按照公司的标准色进行标志填色，如图1-26所示。

■　技术要点

> 使用"矩形工具"绘制矩形；
> 使用"椭圆工具"绘制正圆形；
> 使用"多边形工具"绘制三角形；
> 通过"路径查找器"进行修剪图形；
> 使用"旋转扭曲工具"制作扭曲效果；

> 输入文字；
> 创建轮廓。

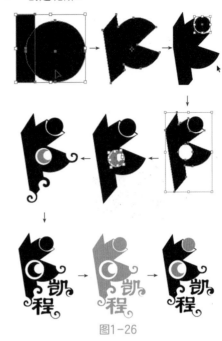

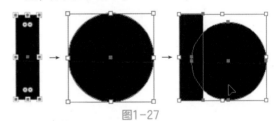

图1-26

■　操作步骤

图形K的制作

①　启动Illustrator CC软件，使用"矩形工具" 和"椭圆工具" 分别绘制出矩形和正圆形，再使用"选择工具" 将两个图形移动到一起，如图1-27所示。

图1-27

②　框选矩形和正圆形，执行菜单"窗口|路径查找器"命令，在打开的"路径查找器"面板中，单击"联集"按钮 ，将两个图形合并，如图1-28所示。

图1-28

③　选择"多边形工具" 后，在页面中单击鼠标左键，在弹出的"多边形"对话框中设置"边数"为3，单击"确定"按钮，在页面中绘制一

个三角形，如图1-29所示。

图1-29

04 选择三角形后，将其移动到正圆形的上面，如图1-30所示。

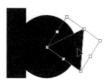

图1-30

▶ **温馨提示**

在Illustrator CC中使用"选择工具" 选择图形后，将鼠标指针移动到选取框的4个角上，当指针变为 ↰ 形状时，拖动鼠标可以将选取的图形进行旋转，如图1-31所示；使用"旋转工具" 在图形上拖动可以按鼠标拖动的方向进行旋转，如图1-32所示。

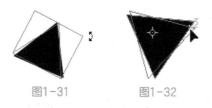

图1-31   图1-32

05 框选图形，在"路径查找器"面板中单击"减去顶层"按钮 ，将图形进行修剪，效果如图1-33所示。

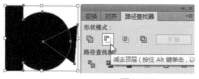

图1-33

06 使用"直接选择工具" 框选图形左侧的两个控制点，将其向下拖动，改变形状，效果如图1-34所示。

图1-34

07 将修剪后的图形进行旋转，效果如图1-35所示。

图1-35

正圆形豁口区域制作

01 使用"添加锚点工具" 在图形右上角处单击，为其添加一个锚点，如图1-36所示。

图1-36

02 使用"直接选择工具" 将图形右上角进行调整，再将左下角进行拉长，效果如图1-37所示。

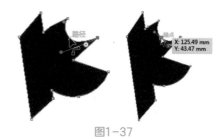

图1-37

03 使用"椭圆工具" 在豁口处绘制一个正圆形，如图1-38所示。

图1-38

04 使用"直线段工具" 绘制一条连接线，效果如图1-39所示。

图1-39

图形C区域的制作

① 使用"椭圆工具" 在图形K上绘制一个正圆形，为了易于区分，将其填充为橘色，如图1-40所示。

图1-40

② 将橘色正圆形和后面的图形K一同选取，在"路径查找器"面板中单击"减去顶层"按钮 ，效果如图1-41所示。

图1-41

③ 使用"椭圆工具" 在页面中绘制两个正圆形，将其一同选取后，在"路径查找器"面板中单击"减去顶层"按钮 ，效果如图1-42所示。

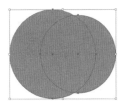

图1-42

④ 使用"选择工具" 将月牙拖动到图形K上面的圆孔中，调整大小和方向，如图1-43所示。

图1-43

图形扭曲花纹区域的制作

① 选择图形K，在工具箱中双击"旋转扭曲工具" ，打开"旋转扭曲工具选项"对话框，设置参数后，单击"确定"按钮，将鼠标指针移动到图形上，按住鼠标，将图形进行旋转，效果如图1-44所示。

图1-44

> **温馨提示**

"旋转扭曲工具" 的画笔大小，可以通过按住Alt键的同时拖动鼠标来改变，向右上角拖动可以加大画笔笔触，向左下角拖动会将画笔笔触缩小。

② 双击"旋转扭曲工具" ，打开"旋转扭曲工具选项"对话框，设置参数后，单击"确定"按钮，将鼠标指针移动到图形上，按住鼠标，将图形进行旋转，效果如图1-45所示。

图1-45

③ 将鼠标指针移动到图形最左下角处按住鼠标，将图形进行旋转，效果如图1-46所示。

图1-46

中文区域及填色的制作

① 使用"文字工具" 在页面中输入两个文字"凯"和"程"，效果如图1-47所示。

图1-47

02 选择文字后，执行菜单"文字|创建轮廓"命令，将文字转换为矢量图形，效果如图1-48所示。

图1-48

03 使用"旋转扭曲工具" 将文字图形添加旋转扭曲，效果如图1-49所示。

图1-49

04 选择K图形，在"色板"面板中为其填充青色，效果如图1-50所示。

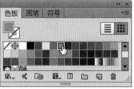

图1-50

05 选择文字图形，在"色板"面板中为其填充橘色，效果如图1-51所示。

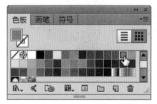

图1-51

06 选择线段，在"色板"面板中为描边填充青色，按Shift+Ctrl+[组合键将其调整到最底层，效果如图1-52所示。

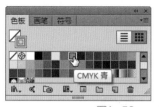

图1-52

07 至此，本案例的地产标志制作完成，效果如图1-53所示。

图1-53

08 框选标志将其设置为黑色，可以看到无色彩后的标志效果，如图1-54所示。

图1-54

1.4.5 使用Photoshop 为标志制作质感效果

■ 制作流程

　　本案例主要利用Photoshop为图层添加图层样式，绘制形状后创建填充图层，再为图层创建剪贴蒙版，具体流程如图 1-55所示。

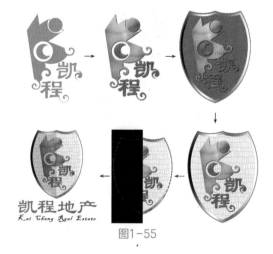

图1-55

■ 技术要点

> 使用Photoshop打开Illustrator绘制的图标；
> 复制图层，选择图层样式；
> 栅格化图层样式；
> 应用"斜面和浮雕""投影"图层样式；
> 创建填充图层；
> 创建剪贴蒙版。

■ 操作步骤

标志质感添加

① 使用Illustrator软件将设计的Logo标志导出为PSD格式。启动Photoshop软件，新建一个合适大小的空白文档，然后将导出的PSD格式文件拖动到新建文档中，如图1-56所示。

图1-56

② 执行菜单"图层|合并组"命令或按Ctrl+E组合键，将合并为单独图层，按Ctrl+J组合键复制一个图层，如图1-57所示。

图1-57

③ 执行菜单"窗口|样式"命令，打开"样式"面板，单击"弹出"按钮▼≣，在弹出的下拉菜单中选择"KS样式"命令，系统会弹出警告对话框，如图1-58所示。

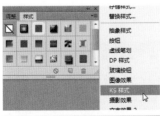
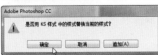

图1-58

> 温馨提示

在弹出的警告对话框中，单击"确定"按钮，会将选择的样式效果与当前的样式效果进行替换；单击"取消"按钮，将不应用选择的样式；单击"追加"按钮，会在当前样式中将选择的样式添加进来。

④ 单击"确定"按钮，会将选择的样式替换到当前样式表中，然后选择"红眼"，效果如图1-59所示。

图1-59

⑤ 在当前图层上右击，在弹出的快捷菜单中选择"栅格化图层样式"命令；再设置"混合模式"为"明度"，效果如图1-60所示。

图1-60

⑥ 选中除背景以外的所有图层，按Ctrl+G组合键将其进行编组。选择"组1"，执行菜单"图层|图层样式|投影"命令，打开"图层样式"对话框，勾选"投影"复选框，其中的参数值设置如图1-61所示。

图1-61

⑦ 设置完成后，单击"确定"按钮，效果如图1-62所示。

图1-62

盾牌效果的制作

01 选中"背景"图层，选择"自定义形状工具" 后，在属性栏中的"形状"拾色器中找到盾牌，再在文档中绘制，将填充设置为黑色、描边设置为渐变色，在"图层"面板中设置"填充"为56%，效果如图1-63所示。

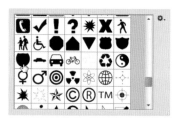

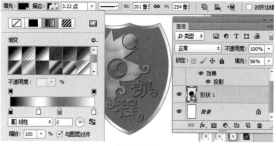

图1-63

02 执行菜单"图层|图层样式|斜面和浮雕"命令，打开"图层样式"对话框，勾选"斜面和浮雕"复选框，其中的参数值设置如图1-64所示。

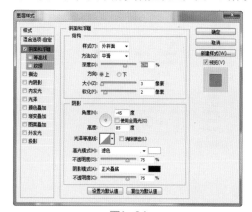

图1-64

03 设置完成后，单击"确定"按钮，效果如图1-65所示。

图1-65

04 在"图层"面板中单击"创建新的填充或调整图层"按钮 ，在弹出的下拉菜单中选择"图案"命令，在打开的"图案填充"对话框中找到需要的图案，如图1-66所示。

 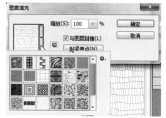

图1-66

05 设置完成后，单击"确定"按钮，此时系统会创建一个图案填充图层。执行菜单"图层|创建剪贴蒙版"命令；再设置"不透明度"为89%，效果如图1-67所示。

图1-67

> **温馨提示**

在"图层"面板中两个图层之间按住Alt键，此时鼠标指针会变成 形状，单击即可转换上面的图层为剪贴蒙版图层，如图1-68所示。在剪贴蒙版的图层间单击，此时鼠标指针会变成 形状，单击可以取消剪贴蒙版设置。

图1-68

中文版Photoshop+Illustrator商业案例项目设计完全解析

06 新建一个图层，绘制矩形选区并将其填充为黑色，按住Ctrl键单击"盾牌"所在图层的缩览图，调出选区，如图1-69所示。

图1-69

07 按Ctrl+Shift+I组合键将选区反选，按Delete键清除选区内容，设置"不透明度"为14%，效果如图1-70所示。

图1-70

08 使用文字工具在盾牌下方输入文字。至此，本案例制作完成，效果如图1-71所示。

图1-71

1.4.6 使用Photoshop 制作标志全称

■ 制作流程

本案例主要利用Photoshop为图层添加"投影"图层样式并进行多层复制，以此来制作立体效果；通过"定义画笔预设"命令，让标志变为画笔笔触，以此绘制修饰区域，具体流程如图 1-72所示。

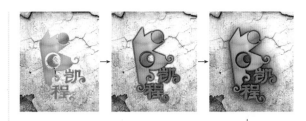

图1-72

■ 技术要点

➤ 使用"投影"图层样式制作图形阴影；

➤ 复制图形制作立体效果；

➤ 通过"定义画笔预设"命令制作画笔笔触；

➤ 填充颜色通过羽化选区清除图像。

■ 操作步骤

01 启动Photoshop软件，打开附带的"墙面"素材文件，将上面制作的标志中的"组1"拖动到当前文档中，如图1-73所示。

图1-73

02 隐藏添加的投影，按Ctrl+E组合键将其合并为一个图层，如图1-74所示。

图1-74

选择"移动工具" ►+ 后,按住Alt键的同时按方向键,每按一次会将选择的图像进行一个像素位置的复制;按住Shift+Alt组合键的同时按方向键,每按一次会将选择的图像进行十个像素位置的复制。

03 执行菜单"图层|图层样式|投影"命令,打开"图层样式"对话框,勾选"投影"复选框,其中的参数值设置如图1-75所示。

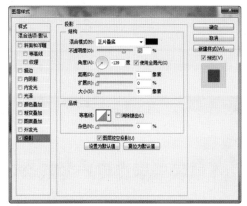

图1-75

04 设置完成后,单击"确定"按钮,效果如图1-76所示。

图1-76

05 选择工具箱中的"移动工具" ►+,然后按住Alt键的同时按向上和向右方向键各3次复制图形,效果如图1-77所示。

图1-77

06 选中"组1",双击"投影"名称,弹出"图层样式"对话框,重新设置投影样式,目的是让整个标志的整体阴影更加柔和,效果如图1-78所示。

图1-78

07 选中"组1拷贝",双击"投影"名称,弹出"图层样式"对话框,重新设置投影样式,目的是让标志底部与墙面结合更贴切,效果如图1-79所示。

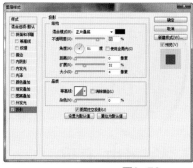

图1-79

08 将标志所在的图层全部选取,按Ctrl+G组合键将其群组,将标志缩小;然后在右侧输入文字,效果如图1-80所示。

图1-80

中文版Photoshop+Illustrator商业案例项目设计完全解析

09 使用与制作立体标志同样的方法制作立体文字，效果如图1-81所示。

图1-81

10 按住Ctrl键的同时单击最上层文字的缩览图，调出选区后新建一个图层，使用"渐变工具" ▣ 为选区填充颜色，效果如图1-82所示。

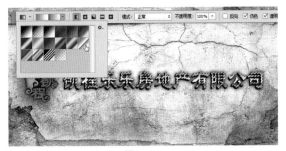

图1-82

11 按住Ctrl+D组合键去掉选区，按住Ctrl键的同时单击最上层标志的缩览图，调出选区后，执行菜单"编辑|定义画笔预设"命令，打开"画笔名称"对话框，如图1-83所示。

图1-83

12 新建一个图层，使用"画笔工具" ✍ 选择定义的画笔后，在图层中绘制图形，如图1-84所示。

图1-84

13 新建一个图层并将其填充为黑色，使用"矩形选框工具" ▢ 绘制一个"羽化"为50像素的矩形选区，按Delete键清除选区内容，效果如图1-85所示。

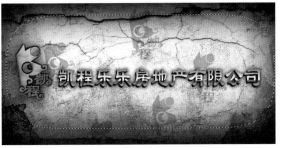

图1-85

14 按Ctrl+D组合键取消选区。至此，本案例制作完成，效果如图1-86所示。

图1-86

15 去掉颜色后的效果如图1-87所示。

图1-87

★★★★
1.5 商业案例——咖啡馆标志设计

1.5.1 咖啡馆标志设计思路

本案例是一款以咖啡店为主的店铺标志设计项目，此标志要体现出咖啡行业的特色，在设计时首先移入了云端的图形背景，加上翅膀可以体现出闲云野鹤的氛围。午后在云彩上端起的一杯咖啡，让时间慢慢流逝，整个标志体现的就是悠闲、情趣。创作时首先为云彩插上了一对翅膀，表示云也是可以随意飞舞的，英文字母组成的店标，不但能看出是咖啡店，还能感觉出一杯咖啡的浓郁，咖啡店的标志设计思路流程图，如图1-88所示。

图1-88

1.5.2 咖啡店标志配色

对于咖啡店标志的配色，深褐色和浅褐色是常见的颜色，这两种颜色通常是用来表现咖啡的颜色。这里以这两种颜色作为云彩的颜色；文字的颜色以黑色、橘色和白色作为配色，目的是以神秘的黑色作为主色，以热情、活力的橘色作为辅助色，让人在神秘的气氛中以热情去对待煮好的咖啡；咖啡杯子以冒热气动态的形式来吸引顾客；飞翔的翅膀让整个标志都活了起来，这几种色彩相搭配能够更好地展现出咖啡馆的宁静和人内心欢快的感觉，如图1-89所示。

图1-89

1.5.3 咖啡店标志构图与布局

本标志的特点与咖啡店行业的标准基本保持一致，在布局和构图上是按照中心向外扩展结构、结合从左向右文字布局来进行构图的，标志的第一视觉点是中间的文字区域，第二视觉点是图中的咖啡杯和翅膀部分，如图1-90所示。

图1-90

1.5.4 Photoshop结合Illustrator咖啡店标志的制作

■ 制作流程

本案例主要使用Photoshop绘制云彩图形，然后导出路径，在Illustrator中编辑路径，将其调整为云彩图形，再输入文字后将其进行扩展，选择其中的填充部分将其填充为黑色，使用"宽度工具"  对创建轮廓后的文字边缘进行调整，最后将文字图形进行重新位置布局摆放，绘制一个咖啡杯，具体制作流程如图 1-91所示。

图1-91

■ 技术要点

➢ 在Photoshop中绘制形状；

➢ 将路径导出到Illustrator；

➢ 插入符号进行扩展；

➢ 拆分后移动位置；

➢ 输入文字创建轮廓；

➢ 使用"宽度工具"调整描边；

➢ 绘制咖啡杯。

■ 操作步骤

云彩和翅膀的制作

01 为了将标志设计到云彩上面，通过Illustrator CC软件想要绘制云彩，只能通过"钢笔工具" ✍ 进行绘制或者通过椭圆进行拼贴，但是在Photoshop CC中，可以在"自定义形状"拾色器中找到云彩形状，方法是打开Photoshop CC软件新建一个空白文档，选择"自定义形状工具" ✍ 后，在属性栏中的"形状"拾色器中找到云彩图形，在页面中绘制形状，如图1-92所示。

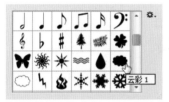

图1-92

02 执行菜单"文件|导出|路径到Illustrator"命令，打开"导出路径到文件"对话框，如图1-93所示。

图1-93

03 单击"确定"按钮，打开"选择存储路径的文件名"对话框，设置"文件名"为"路径"，如图1-94所示。

图1-94

04 设置完成后，单击"确定"按钮，将路径进行保存。启动Illustrator CC软件，打开刚才存储的路径，将其填充颜色，如图1-95所示。

图1-95

05 复制一个副本，并将其进行移动，组成一个更加贴切的云彩图形，如图1-96所示。

图1-96

06 框选所有图形，执行菜单"窗口|路径查找器"命令，在打开的"路径查找器"面板中单击"联集"按钮 ▣，将选择的图形合并为一个图形，如图1-97所示。

图1-97

07 使用"直接选择工具" ▶ 对图形进行调整，再将其填充为C:30、M:50、Y:75、K:10的颜色，描边设置为C:55、M:60、Y:65、K:40的颜色，设置"描边宽度"为5pt，如图1-98所示。

图1-98

08 执行菜单"窗口|符号库|至尊矢量包"命令，打开"至尊矢量包"面板，将其中的翅膀拖动到页面中，如图1-99所示。

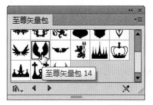

图1-99

09 执行菜单"对象|扩展"命令，打开"扩展"对话框，设置参数如图1-100所示。

图1-100

10 设置完成后，单击"确定"按钮，将符号进行扩展后，再执行菜单"对象|取消编组"命令，将两个翅膀分开，并将描边填充为C:55、M:60、Y:65、K:40的颜色，效果如图1-101所示。

图1-101

11 将两个翅膀移动到云彩边缘，按Ctrl+Shift+[组合键，将其放置到最后面，效果如图1-102所示。

图1-102

文字区域的制作

01 使用"文字工具" T 在页面中输入英义字母，选择一种较粗的字体，如图1-103所示。

字体：Blippo Black BT

图1-103

02 执行菜单"文字|创建轮廓"命令，将英文字母转换为图形，如图1-104所示。

图1-104

03 执行菜单"对象|取消群组"命令或按Shift+Ctrl+G组合键，将英文字母转换为图形，选择其中的一个字母e，将其拖动到一边，将描边填充为橘色，如图1-105所示。

图1-105

04 使用"宽度工具" 在字母上方按住鼠标左键向外拖动，改变描边的形状，再移动鼠标左键到其他位置将图形进行调整，如图1-106所示。

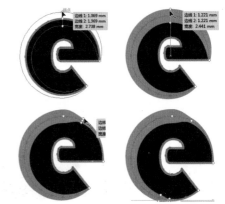

图1-106

05 将调整后的图形先放在一边，再使用"文字工具" T 输入英文字母，找到一个较平滑的字体，如图1-107所示。

字体：Windsor Outline BT

图1-107

06 执行菜单"对象|扩展"命令，打开"扩展"对话框，设置完成后，单击"确定"按钮，效果如图1-108所示。

图1-108

中文版Photoshop+Illustrator商业案例项目设计完全解析

07 按Shift+Ctrl+G组合键取消群组，选择其中的字母L，在"路径查找器"面板中单击"裁剪"按钮 ⬛，效果如图1-109所示。

图1-109

08 将图形填充为黑色，按Shift+Ctrl+G组合键取消群组，选择其中的小图形将其移动到边上，效果如图1-110所示。

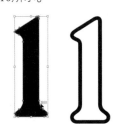

图1-110

09 使用同样的方法制作字母f、c、o，效果如图1-111所示。

1foc

图1-111

10 使用"移动工具" ▶ 将英文字母进行重新的布局摆放，效果如图1-112所示。

leffee
coffee

图1-112

11 使用"直接选择工具" ▶ 调整图形L，效果如图1-113所示。

图1-113

咖啡杯的制作

01 英文字母部分制作完毕后，下面绘制咖啡杯。绘制椭圆和梯形，如图1-114所示。

图1-114

02 使用"直接选择工具" ▶ 调整圆角，如图1-115所示。

图1-115

03 使用"直接选择工具" ▶ 调整圆角，如图1-116所示。

图1-116

04 使用"矩形工具" ▢ 绘制一个矩形，将矩形和后面的圆角图形一同选取，在"路径查找器"面板中单击"减去顶层"按钮 ▣，如图1-117所示。

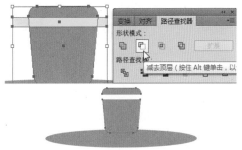

图1-117

05 使用"钢笔工具" ✎ 绘制咖啡杯的手柄和热气，如图1-118所示。

图1-118

合成制作

01 将咖啡杯移动到英文字母上面，如图1-119所示。

图1-119

02 框选图形，按Ctrl+G组合键将其移动到翅膀上面，再输入白色英文字母，将标志导出为PSD格式。至此，本案例制作完成，效果如图1-120所示。

图1-120

1.5.5 在Photoshop中将标志放置到杯子上

■ 制作流程

本案例主要使用"变形"命令调整图像，再通过混合模式制作混合效果，具体制作流程如图1-121所示。

图1-121

■ 技术要点

➤ 置入素材调整大小；

➤ 合并图层组；

➤ 变形图像；

➤ 设置混合模式。

■ 操作步骤

咖啡杯的制作

01 在Photoshop CC软件中打开"咖啡杯.jpg"素材文件和导出为PSD格式的标志，如图1-122所示。

图1-122

02 将标志拖动到"咖啡杯.jpg"素材内，按Ctrl+T组合键调出变换框，调整大小和位置，如图1-123所示。

图1-123

03 按Enter键完成变换，按Ctrl+E组合键将图层组变为单独图层，执行菜单"编辑|变换|变形"命令，调出变形框，拖动控制点调整形状，如图1-124所示。

图1-124

04 按Enter键完成变换，在"图层"面板中设置图层混合模式为"正片叠底"，如图1-125所示。

图1-125

05 至此，本案例制作完成，效果如图1-126所示。

图1-126

1.6 优秀作品欣赏

第一章 标志设计

02
第 2 章
卡片设计

本章重点：
- ➤ 卡片设计的概述及作用
- ➤ 卡片的尺寸
- ➤ 卡片的设计原则
- ➤ 卡片的设计构图
- ➤ 卡片的种类
- ➤ 商业案例——名片设计与制作
- ➤ 商业案例——会员卡设计与制作
- ➤ 优秀作品欣赏

本章主要从卡片的尺寸、卡片的设计原则、卡片的设计构图等方面着手，介绍卡片设计的相关基础知识，并通过相应的案例制作，引导读者理解卡片设计的原理和方法，使读者能够快速掌握卡片设计的方法。

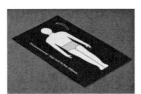

外，还需要通过独特的设计和清晰的思路来达到宣传的目的。

卡片设计不同于一般平面设计，大多数平面设计的幅面较大，给设计师以足够的表现空间；卡片则不然，它只有小小的幅面设计空间，所以这就要求设计师在保证信息内容完整的前提下也要考虑美观度的问题，如图2-1所示。

图2-1

★★★★ 2.1 卡片设计的概述及作用

在当今社会，卡片作为一种基本的交际工具，在商业活动甚至日常生活中被人们广泛地使用。卡片的种类很多，最常见的就是名片和各种会员卡以及打折卡等。卡片作为个人或企业的形象代表，除了需要用简要的方式向受众介绍个人或企业服务之

★★★★ 2.2 卡片的尺寸及排版

在设计卡片时，通常要在尺寸上进行相应的规划，尺寸大小根据类型分为方形标准卡、折叠卡和异形卡。

方形标准卡片的尺寸为90mm×54mm、90mm×50mm和90mm×45mm；圆角标准卡片的尺寸为85mm×54mm；折叠卡片的尺寸为

90mm×95mm和145mm×50mm；异形卡片的尺寸则没有严格的规定。

在设计制作时最常用的还是标准卡。为了保证卡片印刷成品的质量，在设计卡片时需要为卡片的4边各预留2mm至3mm的出血区域，以便印刷后的裁切操作，如图2-2所示。

图2-2

卡片因使用方式的不同，可做出不同风格的排版样式。卡片纸张因能否折叠划分为普通卡片和折叠卡片。普通卡片因印刷参照的底面不同还可分为横式卡片和竖式卡片。

1.横式卡片

以宽边为底、窄边为高的名片印刷方式。横式卡片因其设计方便、排版简单，成为目前使用最普遍的卡片印刷方式，如图2-3所示。

图2-3

2.竖式卡片

以窄边为底、宽边为高的名片使用方式。竖式卡片因其排版复杂，可参考的设计资料不多，适于个性化的卡片设计，如图2-4所示。

图2-4

3.折叠卡片

可折叠的卡片比正常名片多出一半的信息记录面积，如图2-5所示。

图2-5

2.3 卡片的设计原则

在设计卡片时要突出内容的重点，传递的主要信息要简明清晰，构图完整明了；注意质量、功效，尽可能使所传递的信息明确；便于记忆，易于识别。

2.3.1 设计简洁、突出重点信息

卡片最重要的信息就是上面的文字信息，用户可以通过这些文字了解到个人和企业的相关信息，以及如何与卡片的主人取得联系。简洁的设计风格可以最大限度地突出这些文字信息内容，让别人能够更快地记住卡片中的信息。

在卡片设计中可以使用大量的留白来体现这种简洁，但留白不一定是纯白色。此外还要注意文字和背景的对比应该足够大，还可以把文字设计得更漂亮、更醒目一些，如图2-6所示。

图2-6

2.3.2 个性、与众不同

如果要做到与众不同，我们可以将整体卡片的布局做得与其他卡片的样式不同。还可以在卡片载体上进行不同风格的设计制作，让卡片变得有趣一

些，例如可以将卡片设计成不规则的形状，或者设计成折叠式的，从而给人留下深刻印象，如图2-7所示。

图2-7

2.3.3 时尚性

卡片设计也是与时俱进的、要紧跟时代潮流，只有这样才能让更多的年轻人喜欢，才能针对不同的客户群体留下深刻的印象，吸引用户的注意力。现在很流行将名片设计成与自己职业有关的物体，例如摄影师的摄像机、歌手的麦克风等，这样的设计会使得卡片紧跟时代潮流，具有很强的时尚感，如图2-8所示。

图2-8

2.3.4 多色彩、图形及图像

卡片有正反两面，可以将一面设计得丰富多彩，多使用一些色彩、图像和图形，另一面设计得简洁一些，用于传递信息，这样就可以保证卡片既有较强的视觉吸引力，又非常实用，如图2-9所示。

图2-9

2.4 卡片的构图原则

在卡片设计中，图案的设计是一个重要环节。图案设计成功与否直接影响到卡片的视觉效果，影响到人们对名片持有者及其所在单位的心理感受。图案在一张卡片中有固定的职能。

1. 卡片职能分类

➢ 吸引注意力，一个好的卡片图案设计不仅要满足画面的构图需要，还要有很强烈的吸引力，容易引起人的注意力，从而达到持有者自我推销的目的。

➢ 传递卡片持有者的职业特性及行业特征。卡片图案的形式与色彩要反映名片持有者的职业特性及行业特征。

➢ 引导读者把视线移至重要方案的诱导效果。

2. 图案的构成

1）图案的渐变

在卡片设计中，运用单色渐变既可以保持设计的完整性，又不失增强视觉的冲击力。

混色渐变为两种以上的色彩渐变，此画面的效果较活跃，但应用时应注意色彩的强弱对比及构图的比例分布。

形象渐变选取卡片的标志、厂名或经销的产品，在卡片上做浅色弱化、色彩渐变、大小渐变，形成更丰富的视觉效果。

2）图案的对比与统一

图案在卡片中的作用是烘托主题、丰富画面、提示读者，所以图案的设计既要注意对比又要完整统一。对比主要是指画面的图案与画面形成明显的区别。统一是指画面的层次要分明，图案的存在是使主题突出，构图醒目，富于个性，同时不喧宾夺主。

3）图案的表现技法要依据卡片的性格特点

形象肌理法是选取与卡片持有者行业有关的形象作肌理处理，形成有鲜明个性的图案。

形象摄影法选取与卡片持有者行业有关的形象摄影图片做各种艺术处理，形成具象艺术图案。

绘画肌理法表现出来的是抽象图案，主要是表现各种绘画的肌理效果，赋予名片强烈的艺术个性，如油画肌理法、刮刀肌理法、素描肌理法、速写肌理法、水彩肌理法、国画肌理法等。

2.5 卡片的种类

为了使所设计的卡片效果更加出色，追求最佳的视觉感受，通常在卡片制作后期添加一些效果，以此来区分卡片的种类。

1. 局部烫金

局部Logo烫金、烫银闪烁着耀眼的贵族气息，烫彩金在各行中应用广泛，这已经成为一个历史的范畴，局部烫彩金在卡片中应用恰当能起到画龙点睛的作用，如图2-10所示。

图2-10

2. 卡片击凸

图形击凸能够达到视觉精致感觉，尤其针对简单的图形和文字轮廓，采用击凸工艺是明智的做法，过去这一工艺用在高档楼书、包装上，现在将这一传统工艺表现在名片制作上更加给人耳目一新的感觉，如图2-11所示。

图2-11

3. 圆角卡片

圆角卡片具有特别的亲和力，非常适合圆形、方形品牌Logo搭配设计，独有天地方圆之意，手感舒适，艺术性极强，圆角名片同时方便于夹入名片册中，在国外高档品牌名片中常用，如图2-12所示。

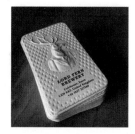

图2-12

4. 打孔卡片

打圆孔及打多孔为个性化卡片设计制作，孔的设计满足视觉的层次感、特别感，使卡片增添一种特殊的艺术感，如图2-13所示。

图2-13

5. 折叠卡片

折叠名片让品牌Logo独立展示到折叠翻盖上，适合集团化公司多信息列明，能够强调更为细致的名片资料，展示空间整整多出一个面，如图2-14所示。

图2-14

6. 二维条码卡片

二维条码卡片与其他卡片相比，最大的不同之处是该卡片上没有常见的职业职务、手机、电话、信箱、地址等信息，只是在卡片中多了一个形如"二维码"的正方形花纹图案，这个图案就是二维条形码。如果用具备二维条码识别功能的手机扫描一下"二维码"，便会立刻解析出整张名片的文本信息，包括名片人的姓名、电话、地址和邮箱等内容，这些信息不仅可以方便地存储在手机中，还能作为邮件直接发送出去，如图2-15所示。

图2-15

7. 透明卡片

在透明材质上加工的卡片，成品后，拿在手上可以以半透明磨砂的样式显示材质，文字及图案区域仍然是不透明的，如图2-16所示。

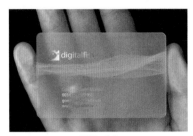

图2-16

2.6 商业案例——名片设计与制作

2.6.1 名片的设计要求

名片是现代社会中应用较为广泛的一种交流

工具，也是现代交际中不可或缺的展现个性风貌的必备工具，名片的标准尺寸为90mm×55mm、90mm×50mm和90mm×45mm。但是加上上、下、左、右各3mm的出血，制作尺寸则必须设定为96mm×61mm、96mm×56mm、96mm×51mm。设计名片时还得确定名片上所要印刷的内容。名片的主体是名片上所提供的信息，名片信息主要由姓名、工作单位、电话、手机、职称、地址、网址、E-mail、经营范围、企业的标志、图片、公司的企业语等。

2.6.2 名片的设计思路

本名片以第1章设计的房产标志为前提，以此为公司员工设计一款属于自己风格的简洁名片。在白板名片上用色块和线条作为点缀对象，是提升名片设计感最简单的方法。利用色块加以点缀，同时突出要强调的信息。色块的选取最好与标志VI色值相同，增加整体感，同时加深客户品牌记忆。

2.6.3 统一配色

根据之前制作的房产标志，我们进行了名片的进一步设计，在规格尺寸需要固定模式的情况下，要想与房产整体进行色彩统一，就要首先了解之前设计的标志配色，我们选取了主色的橘色作为标志的衬色，把标志整体改为了白色，让白色标志出现在橘色的色块上，用无色彩的灰色作为色块的另一半，让整个名片的第一视觉点落在标志区域；名字周围用线条辅助，可以将观看者的目光进行聚拢，将此处作为第二视觉点；正文与图标区域运用的是无色彩搭配，使之看起来与整体搭配更加一致，如图2-17所示。

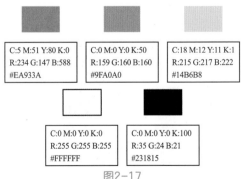

图2-17

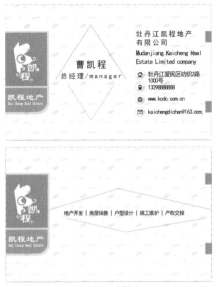

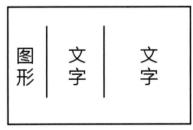

图2-17（续）

2.6.4 布局

本案例名片是以简洁作为设计理念的，所以在布局上，只是采用了传统的水平从左向右的布局方式进行构图，依次体现标志、人名、地址等，如图2-18所示。

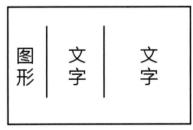

图2-18

2.6.5 使用Illustrator制作名片

■ 制作流程

本案例主要使用"矩形工具" ▣ 绘制固定大小的矩形，使用"直接选择工具" ▸ 单独调整矩形一个角为圆角，复制并缩小矩形后填充颜色，输入文字，移入符号完成名片的制作，如图2-19所示。

■ 技术要点

➤ 使用"矩形工具"绘制固定大小矩形；

➤ 设置矩形一个角为圆角；

➤ 实时上色；

➤ 输入文字；

➤ 使用"钢笔工具"绘制线条；

➤ 移入符号；

➤ 去掉轮廓使用"投影"命令添加阴影。

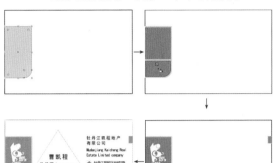

图2-19

■ 操作步骤

名片正面的制作

01 启动Illustrator CC软件，新建一个空白文档。使用"矩形工具" ▣ 在页面中绘制一个96mm×61mm的矩形，为了看起来方便，将矩形填充为黑色的描边，如图2-20所示。

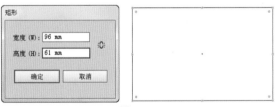

图2-20

02 在矩形的下面，再绘制一个小矩形，如图2-21所示。

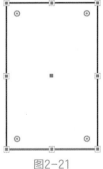

图2-21

03 使用"直接选择工具" 🔺 在右下角上单击，将此锚点选取，再拖动此锚点向对角处移动，将此矩形角点变为圆角，如图2-22所示。

图2-22

在Illustrator CC中，使用"直接选择工具" 🔺 直接在矩形上单击，会在4个角处出现圆角调整点，拖动一个调整点，会将4个角一起调整，如图2-23所示；单独选择几个角，再拖动圆角调整点时，只会将选择的角进行调整，如图2-24所示。

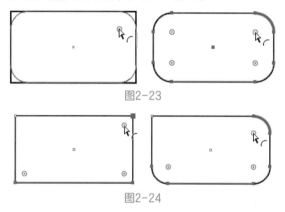

图2-23

图2-24

04 将此图形移动到上面矩形左侧，将其填充为C:18、M:12、Y:11、K: 1的颜色，去掉描边，如图2-25所示。

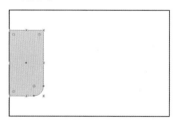

图2-25

05 按Ctrl+C组合键复制图形，再按Ctrl+F组合键将其粘贴到前面，使用"选择工具" 🔺 拖动控制点将其缩小，再将其填充颜色为C:5、M:51、Y:80、K:0，效果如图2-26所示。

图2-26

06 使用"矩形工具" 🔲 在上面绘制一个小矩形，将其填充颜色为C:18、M:12、Y:11、K: 1，效果如图2-27所示。

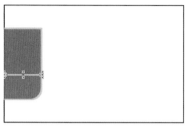

图2-27

07 将工具箱中的填充色设置为C: 0、M:0、Y: 0、K:50，使用"选择工具" 🔺 框选所有对象，使用"实时上色工具" 🖾 在橙色的下半部分单击，将其填充颜色，如图2-28所示。

图2-28

08 在右侧绘制矩形，并填充颜色为C:18、M:12、Y:11、K: 1，按Ctrl+C组合键复制矩形，再按Ctrl+F组合键将其粘贴到前面。使用"选择工具" 🔺 拖动控制点将其缩小，再将其填充颜色为C:5、M:51、Y:80、K:0，效果如图2-29所示。

图2-29

09 将两个小矩形一同选取，按住Alt键向下拖动，会复制一个副本，效果如图2-30所示。

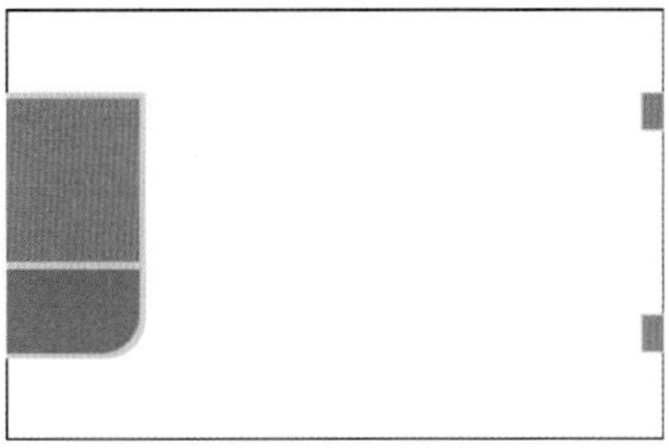

图2-30

温馨提示

在Illustrator CC中拖动图形移动的同时按住Alt键，释放鼠标可以在当前位置快速复制一个副本。

10 修饰区域制作完成后，打开“地产标志”文件，将其填充为白色，再将其复制到当前名片文档中，调整大小和位置，如图2-31所示。

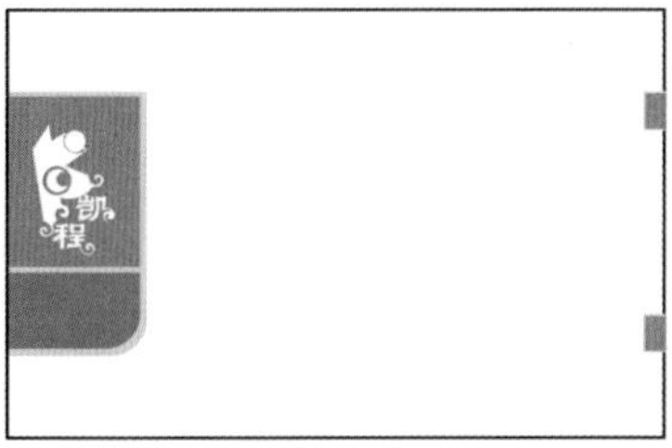

图2-31

11 使用“文字工具”T在标志下方输入白色文字，效果如图2-32所示。

图2-32

12 使用“文字工具”T在标志右侧根据位置输入名字、职位、地址、公司、电话等文字，如图2-33所示。

图2-33

13 执行菜单“窗口|符号库|移动”命令，打开“移动”面板，选择合适的符号将其拖动到名片上，如图2-34所示。

图2-34

14 使用“钢笔工具”在名字和职位处绘制四条线条作为修饰，效果如图2-35所示。

图2-35

15 选择名片正面去掉描边，执行菜单“滤镜|风格化|投影”命令，打开“投影”对话框，其中的参数值设置如图2-36所示。

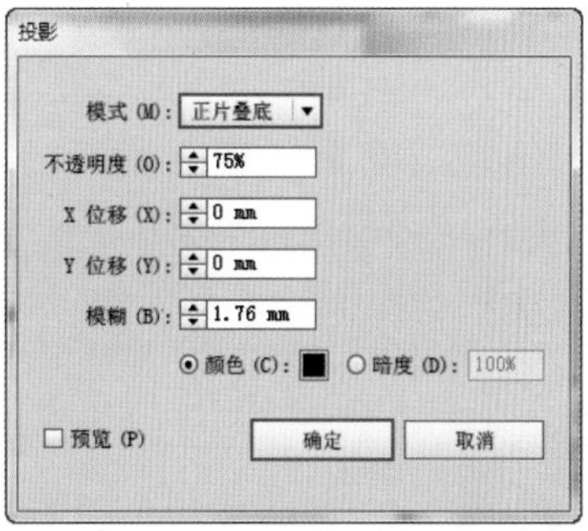

图2-36

16 设置完成后，单击“确定”按钮，至此，名片正面制作完成，效果如图2-37所示。

图2-37

名片背面的制作

01 使用“选择工具”框选整个名片正面，将其向下移动复制一个副本，如图2-38所示。

图2-38

02 将上面的线条、黑色文字和符号全部删除，重新使用"文字工具" T 输入文字，如图2-39所示。

图2-39

03 使用"钢笔工具" 在文字上方和下方绘制线条。至此，名片背面制作完成，效果如图2-40所示。

图2-40

04 将名片正面和背面分别导出为PSD格式以备后用。

2.6.6 使用Photoshop 在名片上添加图案

■ 制作流程

本案例主要利用"创建新的填充或调整图层"中的填充图案，以此为名片背景添加图案，再通过

创建剪贴蒙版和设置混合模式来调整效果，具体流程如图 2-41所示。

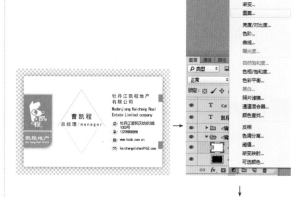

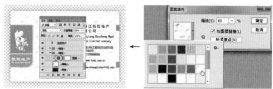

图2-41

■ 技术要点

> 打开图像；
> 创建"填充图层"；
> 创建剪贴蒙版；
> 设置图层混合模式；
> 调整不透明度。

■ 操作步骤

01 启动Photoshop软件，打开Illustrator转换为PSD格式的名片，如图2-42所示。

图2-42

02 以名片正面为例，选择"名片正面"文件，在"图层"面板中展开图层组，选择名片背景对应的图层，如图2-43所示。

图2-43

03 单击"创建新的填充或调整图层"按钮 ◎.，在弹出的下拉菜单中选择"图案"命令，如图2-44所示。

图2-44

04 执行"图案"命令后，系统会弹出"图案填充"对话框，单击"图案拾色器"右侧的倒三角按钮，在弹出的下拉面板中单击"弹出菜单"按钮 ✿.，在弹出的下拉菜单中选择"彩色纸"命令，此时系统会弹出警告对话框，如图2-45所示。

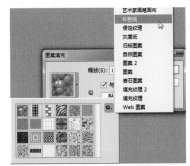

图2-45

05 单击"确定"按钮，系统会用"彩色纸"图案替换之前的图案，在"图案拾色器"下拉面板中选择一个图案，设置"缩放"为60%，如图2-46所示。

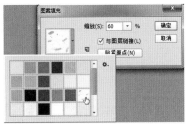

图2-46

06 设置完成后，单击"确定"按钮，效果如图2-47所示。

图2-47

07 执行菜单"图层|创建剪贴蒙版"命令，为图层添加剪贴蒙版，设置图层混合模式为"深色"、"不透明度"为38%，效果如图2-48所示。

图2-48

08 在"图层"面板中将名片的投影隐藏，如图2-49所示。

图2-49

09 至此，为名片添加图案制作完成。名片背面使用同样的方法制作，效果如图2-50所示。

图2-50

2.6.7 使用Photoshop制作名片效果

■ 制作流程

本案例主要利用"渐变工具"■制作渐变背景，添加投影后为其复制多个图像，添加投影创建图层后，对选区内容进行删除，具体流程如图 2-51 所示。

图2-51

■ 技术要点

> 使用填充渐变制作背景；

> 移入图像创建"缩放、透视"效果；

> 添加投影；

> 创建图层将投影变为单独图层；

> 绘制羽化选区清除选区内容。

■ 操作步骤

01 启动Photoshop CC软件，新建一个大小合适的空白文档。使用"渐变工具"■填充从白色到黑色的径向渐变和线性渐变，如图2-52所示。

图2-52

02 选择"名片正面"文件，按Ctrl+E组合键，将图层组合并为单独图层，使用"移动工具"▶⊕将合并后的图形拖动到新建的文档中，按Ctrl+T组合键调出变换框，对图像进行缩放和位置调整，如图2-53所示。

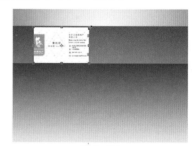

图2-53

03 在变换框上右击，在弹出的快捷菜单中选择"透视"命令，拖动控制点将图像进行透视调整，如图2-54所示。

图2-54

04 在变换框上右击，在弹出的快捷菜单中选择
"缩放"命令，拖动控制点将图像进行缩小调
整，如图2-55所示。

图2-55

05 按Enter键完成变换，执行菜单"图层|图层样
式|投影"命令，打开"图层样式"对话框，
勾选"投影"复选框，其中的参数值设置如
图2-56所示。

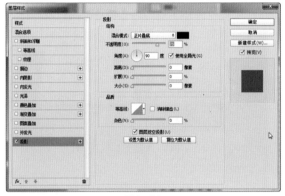

图2-56

06 设置完成后，单击"确定"按钮。选择"移动
工具" ，后，按住Alt键的同时按方向键的向上
键，将图像进行复制。按方向键数次，直到出
现立体效果为止，如图2-57所示。

图2-57

07 选择最下面的名片图层，双击"投影"，打开
"投影"的"图层样式"对话框，其中的参数
值设置如图2-58所示。

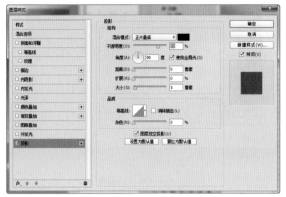

图2-58

08 设置完成后，单击"确定"按钮，效果如图2-59
所示。

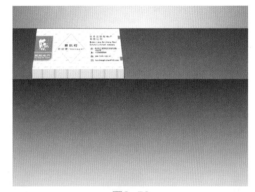

图2-59

09 将所有名片图层全部选取，按Ctrl+G组合键将
其进行群组。使用同样的方法制作名片背面，
效果如图2-60所示。

图2-60

10 再移入一个名片正面图像，调整大小和位置，
效果如图2-61所示。

11 执行菜单"图层|图层样式|投影"命令，打开
"图层样式"对话框，勾选"投影"复选框，
其中的参数值设置如图2-62所示。

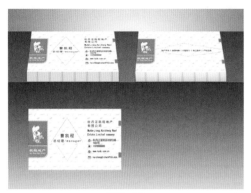

图2-61

图2-64

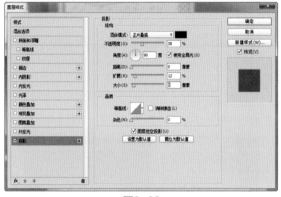

图2-62

⑫ 设置完成后，单击"确定"按钮，效果如图2-63
所示。

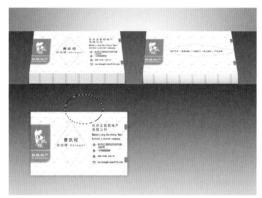

图2-65

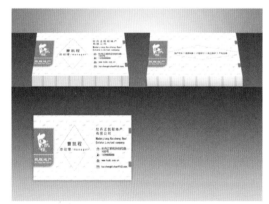

图2-63

⑬ 执行菜单"图层|图层样式|创建图层"命
令，将投影单独创建为一个图层，如图2-64
所示。

⑭ 使用"椭圆选框工具" ，在阴影上绘制一个
"羽化"为30像素的椭圆选区，按Delete键清
除选区内容，效果如图2-65所示。

⑮ 移动选区到另外3个边上，继续按Delete键删除
选区内容，按Ctrl+D组合键去掉选区，效果如
图2-66所示。

图2-66

⑯ 使用同样的方法制作名片背面效果。至此，本
案例制作完成，效果如图2-67所示。

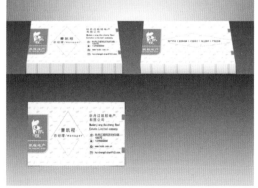

图2-67

2.7 商业案例——会员卡设计与制作

2.7.1 设计思路

本案例设计与制作的VIP会员卡属于理疗型的会员卡,所以在设计时以简洁、明了的风格进行设计。本店是以光疗为主要理疗项目,在设计时使用了一个圆形作为发光灯的主体,围绕的花纹让发光的正圆具有视觉的美感。在VIP会员卡的字体上也选择了一种类似于立体感的文字字体,让文字在发光正圆上更具有视觉效果,会员卡整体在色彩上以不同的底色作为区分,直接划分出会员的等级,设计思路出来之后就可以进行制作了。

2.7.2 布局

整个VIP会员卡是以简洁风格作为设计方向的,所以在配色上运用得比较少。在布局上,正面按照水平布局方法,背面按照垂直布局方法。正面以左中右的方式进行传统布局,左右两边文字起到平衡画面的作用;背面以上中下的方式进行布局,右下角的花纹不但起到美化整体的作用,在布局中还起到了平衡画面的作用,如图2-68所示。

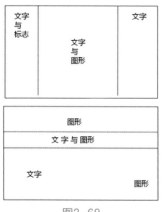

图2-68

2.7.3 使用Illustrator制作会员平面图

■ 制作流程

本案例会员卡正面主要使用"圆角矩形工具"绘制圆角矩形,结合"椭圆工具"绘制正圆,然后通过插入符号并将符号扩展为图形,再使用"膨胀工具"和"路径查找器"面板为其添加编辑效果,背面主要是输入文字,在图形区域运用"剪贴蒙版",制作过程如图2-69所示。

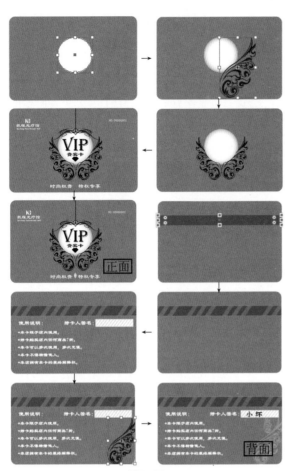

图2-69

■ 技术要点

➢ 使用"圆角矩形工具"绘制圆角矩形；

➢ 使用"椭圆工具"绘制正圆形；

➢ 应用"内发光"样式；

➢ 插入符号进行扩展；

➢ 使用"膨胀工具"编辑图形；

➢ 使用"路径查找器"编辑内容；

➢ 创建剪贴蒙版。

■ 操作步骤

会员卡正面制作

01 启动Illustrator CC软件，使用"圆角矩形工具"绘制橘色的圆角矩形，如图2-70所示。

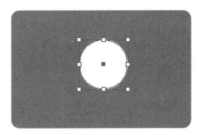

图2-70

02 使用"椭圆工具"在圆角矩形上绘制一个白色正圆形，如图2-71所示。

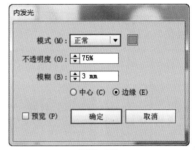

图2-71

03 执行菜单"效果|风格化|内发光"命令，打开"内发光"对话框，其中的参数值设置如图2-72所示。

内发光

模式 (M)：正常

不透明度 (O)：75%

模糊 (B)：3 mm

○ 中心 (C)　⦿ 边缘 (E)

□ 预览 (P)　确定　取消

图2-72

04 设置完成后，单击"确定"按钮，效果如图2-73所示。

图2-73

05 执行菜单"窗口|符号库|绚丽矢量包"命令，打开"绚丽矢量包"面板，选择其中的一个符号将其拖动到页面中，调整大小和位置，效果如图2-74所示。

绚丽矢量包 09

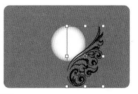

图2-74

06 执行菜单"对象|扩展"命令，打开"扩展"对话框，设置参数后单击"确定"按钮，效果如图2-75所示。

中文版Photoshop+Illustrator商业案例项目设计完全解析

图2-75

07 在工具箱中双击"镜像工具" 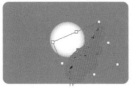，在打开的"镜像"对话框中设置参数后，单击"复制"按钮，得到一个镜像并复制的图形，效果如图2-76所示。

图2-76

08 移动副本位置后，将其与原图形一同选取，按Ctrl+G组合键将其群组，再将图形进行缩小，效果如图2-77所示。

图2-77

09 使用"膨胀工具" 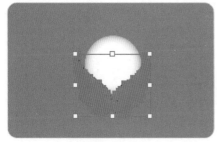调整画笔笔触大小后，将其在正圆形的位置上按鼠标左键，将两个图形进行膨胀处理，效果如图2-78所示。

图2-78

10 在"绚丽矢量包"面板中选择一个花纹符号并将其拖动到文档中，调整大小和位置后将其进行扩展处理，效果如图2-79所示。

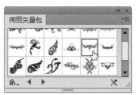

图2-79

11 使用"文字工具" T 输入文字，使用"直线段工具" / 绘制黑色线条，效果如图2-80所示。

图2-80

12 下面制作黑色钻石。使用"矩形工具" □ 绘制一个正方形，将其进行45度旋转，效果如图2-81所示。

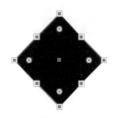

图2-81

13 再使用"矩形工具" □ 绘制一个矩形，将两个矩形一同选取，在"路径查找器"面板中单击"减去顶层"按钮 □，效果如图2-82所示。

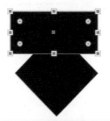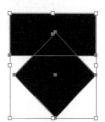

图2-82

⑭ 使用"直线段工具"  绘制红色线条，效果如图2-83所示。

图2-83

⑮ 将红色线条全部选取，执行"扩展"命令，效果如图2-84所示。

图2-84

⑯ 框选图形，在"路径查找器"面板中单击"减去顶层"按钮 ，效果如图2-85所示。

图2-85

⑰ 将钻石图形拖动到正圆形上面，再输入其他文字，效果如图2-86所示。

图2-86

⑱ 执行菜单"窗口|符号库|传家宝"命令，打开"传家宝"面板，选择其中的一个钻石符号，将其拖动到文档中的文字中间，至此，本案例制作完成，效果如图2-87所示。

图2-87

⑲ 在"绚丽矢量包"中找到一个纹理符号将其拖曳到文本边缘，并将其扩展后填充白色。将会员卡正面改变几个背景色，效果如图2-88所示。

图2-88

会员卡背面制作

① 复制正面会员卡，将卡面上的内容全部删除或使用"圆角矩形工具" 绘制一个与正面一样大小的圆角矩形，使用"矩形工具" 在圆角矩形上面绘制一个矩形，如图2-89所示。

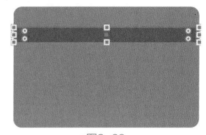

图2-89

② 使用"矩形工具" 在页面中绘制小矩形，将其进行复制并移动位置，如图2-90所示。

图2-90

③ 使用"自由变换工具" 将绘制的小矩形进行斜切调整，如图2-91所示。

图2-91

④ 将圆角矩形上的矩形复制一个副本，将其移动到小矩形上面，然后将其框选，执行菜单"对象|剪贴蒙版|创建"命令，效果如图2-92所示。

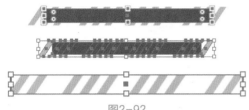

图2-92

05 将应用"剪贴蒙版"后的图形拖动到圆角矩形的矩形上面，效果如图2-93所示。

图2-93

06 使用"文字工具" [T]输入文字，效果如图2-94所示。

图2-94

07 再使用"矩形工具" □ 在文字右侧绘制一个白色矩形，使用与上面灰色矩形制作条纹的方法，制作白色矩形上的条纹，效果如图2-95所示。

图2-95

08 在"绚丽矢量包"面板中找到一个纹理符号，将其拖动到会员卡背面的右下角处并调整大小，效果如图2-96所示。

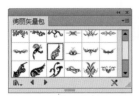

图2-96

09 执行菜单"对象|扩展"命令，将符号转换为图形，将其填充为白色，在"透明度"面板中调整不透明度，效果如图2-97所示。

图2-97

10 复制纹理将其缩小后调整位置，在签名处输入文字。至此，会员卡背面制作完成。复制两个副本，调整与正面一样的颜色，效果如图2-98所示。

图2-98

2.7.4 使用Photoshop制作会员卡样机

■ 制作流程

本案例主要利用"云彩""添加杂色""动感模糊"滤镜制作背景，新建文档绘制正圆形并将其定义为图案，填充图案调整图层并将其栅格化处理，调出选区后在通道中新建Alpha1通道，将选区在通道中填充白色，然后在图层中应用"光照效果"滤镜制作凸起的立体效果，置入素材后，为其添加图层样式，具体流程如图2-99所示。

■ 技术要点

  ➢ 使用"云彩"滤镜；
  ➢ 使用"添加杂色"滤镜；
  ➢ 使用"动感模糊"滤镜；
  ➢ 创建选区调整形状；
  ➢ 自定义图案；
  ➢ 填充图案；
  ➢ 应用"光照效果"滤镜；
  ➢ 添加"斜面和浮雕"图层样式；

> ➤ 添加"纹理"图层样式；
> ➤ 添加"投影"图层样式。

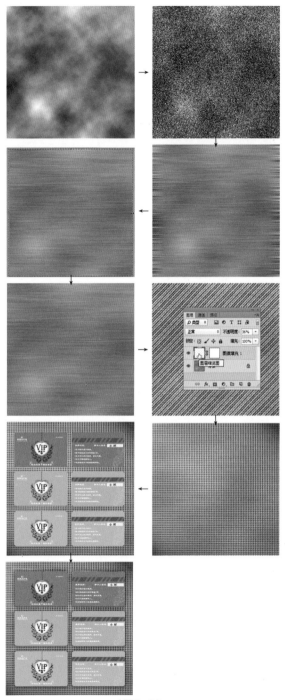

图2-99

- ■ 操作步骤

  背景制作

01 打开Photoshop CC软件，新建一个600像素×600像素、分辨率为150像素/英寸的空白文档。执行菜单"滤镜|渲染|云彩"命令，效果

如图2-100所示。

图2-100

02 执行菜单"滤镜|杂色|添加杂色"命令，打开"添加杂色"对话框，其中的参数值设置如图2-101所示。

图2-101

03 设置完成后，单击"确定"按钮，效果如图2-102所示。

图2-102

04 执行菜单"滤镜|模糊|动感模糊"命令，打开"动感模糊"对话框，其中的参数值设置如图2-103所示。

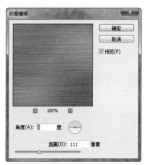

图2-103

05 设置完成后，单击"确定"按钮，效果如图2-104
所示。

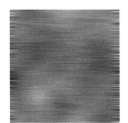

图2-104

06 使用"矩形选框工具" 在文档中创建一个矩
形选区，按Ctrl+T组合键调出变换框，拖动控
制点调整选区内的图像形状，效果如图2-105
所示。

图2-105

07 执行菜单"图像|调整|色相/饱和度"命令，打
开"色相|饱和度"对话框，勾选"着色"复选
框后调整参数值，如图2-106所示。

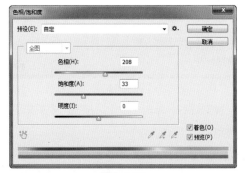

图2-106

08 设置完成后，单击"确定"按钮，效果如图2-107
所示。

图2-107

09 下面定义一个图案。新建一个40像素×40像素

的空白文档，新建一个图层，绘制一个白色正
圆形，将背景隐藏，如图2-108所示。

图2-108

10 执行菜单"编辑|定义图案"命令，打开"图案
名称"对话框，如图2-109所示。

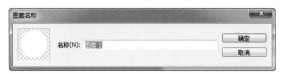

图2-109

11 设置完成后，单击"确定"按钮，返回到之前
的文档中。单击"图层"面板中的"创建新的
填充或调整图层"按钮 ，在弹出的下拉菜单
中选择"图案"命令，在打开的"图案填充"
对话框中设置参数，效果如图2-110所示。

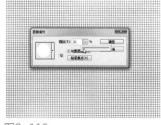

图2-110

12 在"图层"面板中设置"不透明度"为36%，
效果如图2-111所示。

图2-111

13 执行菜单"图层|栅格化|填充内容"命令，再按
住Ctrl键单击填充缩览图，调出选区；切换到
"通道"面板中，新建Alpha1通道，将选区填
充为白色，效果如图2-112所示。

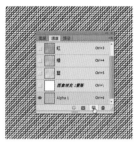

图2-112

14 在"图层"面板中选中"背景"图层，执行菜单"滤镜|渲染|光照效果"命令，调整光源设置参数，如图2-113所示。

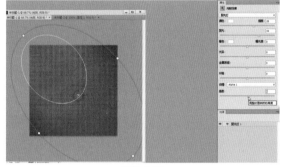

图2-113

15 设置完成后，单击"确定"按钮，效果如图2-114所示。

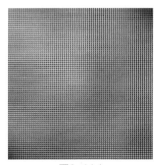

图2-114

16 新建一个图层，将其填充为黑色，设置图层混合模式为"颜色"，此时背景部分制作完成，效果如图2-115所示。

图2-115

VIP卡片制作

01 执行菜单"文件|置入"命令，打开"置入"对话框，选择"vip卡.ai"文件，如图2-116所示。

图2-116

02 单击"置入"按钮，打开"置入PDF"对话框，参数值设置如图2-117所示。

图2-117

03 设置完成后，单击"确定"按钮，效果如图2-118所示。

图2-118

04 执行菜单"图层|图层样式|斜面和浮雕"命令，打开"图层样式"对话框，勾选"斜面和浮雕"复选框，其中的参数值设置如图2-119所示。

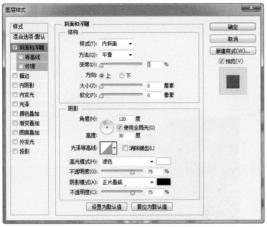

图2-119

05 勾选"纹理"复选框，系统会打开"纹理"面
板，其中的参数值设置如图2-120所示。

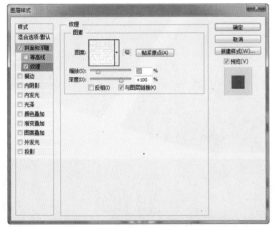

图2-120

06 勾选"投影"复选框，系统会打开"投影"面
板，其中的参数值设置如图2-121所示。

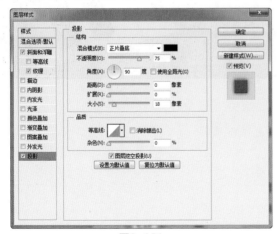

图2-121

07 设置完成后，单击"确定"按钮，效果如图2-122
所示。

图2-122

08 执行菜单"图层|图层样式|创建图层"命令，将
之前应用的图层样式都单独变为一个图层，如
图2-123示。

图2-123

09 选择最上面的图层，设置图层混合模式为"变
亮"，如图2-124所示。

图2-124

10 至此，本案例制作完成，效果如图2-125所示。

图2-125

03 第3章 DM设计

本章重点：

- DM广告设计的概述及作用
- DM广告的分类
- DM广告的组成要素
- DM广告的设计原则
- 商业案例——手机四折页DM广告设计
- 商业案例——请柬设计
- 优秀作品欣赏

本章按照DM在设计时的各项要求，从分类、设计原则等方面着手，详细介绍了DM广告设计的相关知识，并结合DM广告案例的制作，来引导读者理解DM广告设计的原理及方法，使读者能够快速掌握DM广告的设计需求。

3.1 DM广告设计的概述及作用

所谓DM广告中DM直投有两种解释，一是Direct Mail，也就是通过直接邮寄、赠送等形式，将宣传品送到消费者手中、家里或公司所在地，是一种广告宣传的手段；二是Database Marketing，数据库营销，作为一种国际上流行多年的成熟媒体形式，DM在美国及其他西方国家已成为众多广告商所青睐并普遍使用的一种主要广告宣传手段，都简称DM广告。

DM广告不同于其他传统广告媒体，它可以有针对性地选择目标对象，按照客户喜好进行设计与传递，从而增加广告的利用率并减少浪费。在设计后的DM广告中，传达的方式多数以一对一的方式，目的是让读者有亲切感以及优越感，能从DM广告中看出广告重点才是最终的设计目的，以此刺激消费者的计划性购买和冲动性购买，如图3-1所示。

图3-1

图3-1（续）

DM广告的主要作用是最大化地促进销售、提高业绩。DM广告作用及其目的大致可归纳为以下几点。

- 在一定期间内，扩大营业额，并提高毛利率。
- 稳定已有的顾客群并吸引增加新顾客，以提高客流量。
- 介绍新产品、时令商品或公司重点推广的商品，以稳定消费群。
- 增加特定商品（新产品、季节性商品、自有商品等）的销售，以提高人均消费额。
- 提升企业形象，提高公司知名度。
- 与同行业举办的促销活动竞争。
- 刺激消费者的计划性购买和冲动性购买，提高商场营业额。

图3-2

3.2 DM广告的分类

DM广告形式有广义和狭义之分，广义上包括广告单页，如大家熟悉的街头巷尾、商场超市散布的传单，肯德基、麦当劳的优惠券也包括其中。狭义上的DM广告仅指装订成册的集纳型广告宣传画册，页数在10多页至200多页不等，如一些大型超市邮寄广告页数一般在20页左右。

常见的DM广告类型主要有销售函件、商品目录、商品说明书、小册子、名片、明信片、贺年卡、招聘宣传单、传真以及电子邮件广告等。免费杂志成为近几年DM广告中发展较快的媒介，目前主要分布在既具备消费实力又有足够高素质人群的大中型城市中，如图3-2所示。

3.3 DM广告的组成要素

一个好的DM广告宣传单，在设计时一定要遵循外观、图像和文字3个重要的构成要素。

3.3.1 外观

外观要素主要包括DM广告宣传单的尺寸、纸张的厚度、造型的变化、展开后的组成效果、大面积的色彩等，是刺激消费者眼球的首要因素，如图3-3所示。

图3-3

3.3.2 图像

DM宣传广告设计中的图像设计不仅要美观，更要简洁，并表现出一定的差异性。大部分的DM宣传广告的图像是以大量的产品图片堆砌而成，或者是以连篇累牍的文字为主，这样的安排方式会让消费者感到视觉疲劳，也难以把宣传的主题充分展现出来。因此，在DM宣传广告的图像处理上，应该表现出新颖的创意和强烈的视觉冲击力，对文字进行图形化处理也是不错的表现方式，如图3-4所示。

图3-4

3.3.3 文字

文字要素可以说是DM宣传广告版面设计的重点，能够充分体现宣传的有效性。设计时需要以突

出的字体为表现手法，对消费者进行视觉上的刺激，以表现出产品性能与消费者之间的利益关系，引起读者继续阅读的兴趣，如图3-5所示。

图3-5

3.4 DM广告与其他广告对比时的优势

与其他媒体广告相比，DM宣传页可以直接将广告信息传送给真正的消费者，具有成本低、认知度高等优点，为商家宣传自身形象和商品提供了良好的载体。DM宣传广告的优势主要表现在以下几个方面。

➢ 针对性强。DM宣传广告具有强烈的选择性和针对性，其他媒介只能将广告信息笼统地传递给所有消费者，不管消费者是否是广告信息的目标对象。

➢ 广告费用低。与报纸、杂志、电台、电视等媒体发布广告的高昂费用相比，其产生的成本是相当低廉的。

➢ 灵活性强。DM宣传广告的广告主可以根据自身具体情况来任意选择版面大小，并自行确定广告信息的长短及选择全色或单色的印刷形式。

> 持续时间长。拿到DM宣传广告后，消费者可以反复翻阅直邮广告信息，并以此作为参照物来详尽了解产品的各项性能指标，直到最后做出购买或舍弃决定。

> 广告效应较好。DM宣传广告是由广告主直接派发或寄送给个人的，广告主在付诸实际行动之前，可以参照人口统计因素和地理区位因素选择受传对象，以保证最大限度地使广告信息为受传对象所接受，同时受传对象在收到DM广告后，会比较专注地了解其中内容，不受外界干扰。

> 可测定性高。在发出直邮广告之后，可以借助产品销售的增减变化情况及变化幅度来了解广告信息传出之后产生的效果。

> 时间可长可短。DM宣传广告既可作为专门指定在某一期限内送到以产生即时效果的短期广告，又可作为经常性、常年性寄送的长期广告。如一些新开办的商店、餐馆等在开业前夕通常要向社区居民寄送或派发开业请柬，以吸引顾客、壮大声势。

> 范围可大可小。DM宣传广告既可用于小范围的社会、市区广告，又可用于区域性或全国性广告，如连锁店可采用这种方式提前向消费者进行宣传。

> 隐蔽性强。DM宣传广告是一种非轰动性广告，不易引起竞争对手的察觉和重视。

★★★★ 3.5 商业案例——手机四折页DM广告设计

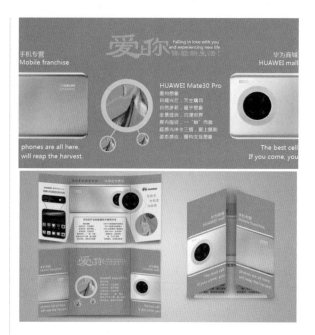

3.5.1 标准四折页的尺寸以及印刷要求

标准的四折页成品尺寸分为210mm×285mm和420mm×285mm，通常印刷厂印刷的宣传单是用157g双铜纸拼版印刷而成。选用纸张一般为铜版纸（可选用其他纸，克度基本一样）：105g、128g、157g、200g、250g、300g等。运用颜色一般为全彩CMYK。

折页设计时都是连着设计，四周各多出3mm做出血位，四折页连着设计时从左到右第二折、第三折，也就是中间的这两折是封底，第四折也就是右边的这一折为封面，最左边的为一折，一般印公司简介，反面的四折都印产品内容。分辨率都在300dpi，若图片不够大的话，250dpi也是可以使用的。

在设计时可以根据实际情况调整折页宽度与高度，这样才能与市场接轨。

3.5.2 项目分析与设计思路

本案例所设计的商业手机四折页采用双面印刷，正面主要是通过色彩结合图像、文本的组合，使版面表现出较强的视觉冲击力，在版面中运用大面积色彩和图像素材图片，重点突出该手机的特点与特色。背面则主要是通过图文相结合的方式来介绍该手机的相关优势，广告中的内容简洁、条理清晰。

设计时要根据四折页的特点，合理地布局各个设计元素，突出此手机DM宣传单的大气与时尚，折叠效果以对折闭合的形式进行闭合，使整个效果都具有创意。

3.5.3 配色与布局构图

1.配色

本案例中的配色根据案例的特点以青色为主色，加以淡黄色和黑白色让整个作品给人清爽、冷静的感觉。本案例突出的是手机整体技术的效果，通过制作的四折页让浏览者有一种神秘科技的感觉，青色给人清爽、寒冷、冷静的感觉，更是科技发展的一个技术象征，寓意此手机科技感强，未来发展空间巨大，如图3-6所示。

C: 100 M:0 Y: 0 K:0
R: 0 G:160 B:198
#00A0C6

C:8 M:3 Y:27 K:0
R:235 G:240 B:180
#EBF0B4

C:35 M:17 Y:97 K:4
R:159 G:170 B:22
#9FAA16

C:0 M:0 Y:0 K:100
R:51 G:44 B:43
#332C2B

C:0 M:0 Y:0 K:0
R:255 G:255 B:255
#FFFFFF

图3-6

2.布局构图

三折页根据功能划分分为左中右3个区域，但是在整体布局上还是按照上下结构的方式进行版式构图，然后进行水平内容的详细划分，如图3-7所示。

图3-7

3.5.4 使用Illustrator制作手机四折页正面

■ 制作流程

本案例主要使用"矩形工具"□和辅助线制作背景，再通过"置入"命令置入素材，将素材进行"剪贴蒙版"处理后调整图形，结合"路径查找器"面板中的"减去顶层"命令，对图形进行造型处理，输入文字，调整位置和大小，作为四折页的组成部分，如图3-8所示。

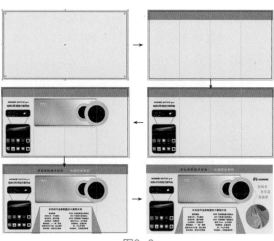

图3-8

■ 技术要点

➤ 使用"矩形工具"绘制矩形；
➤ 使用"置入"命令置入素材；
➤ 应用"剪贴蒙版"命令；
➤ 通过"扩展"命令将描边变为填充；
➤ 应用"路径查找器"命令；
➤ 设置"混合模式"；
➤ 输入文字。

背景制作

01 启动Illustrator CC软件，新建一个285mm×150mm、出血设置为3mm的空白文档，新建的文档可以看到大小和出血线，如图3-9所示。

图3-9

02 使用"矩形工具" ▣绘制一个与出血线一样大小的矩形，将其填充颜色设置为C:8、M:3、Y:27、K:0，如图3-10所示。

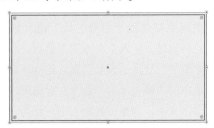

图3-10

03 使用"矩形工具" ▣在矩形上方绘制一个小矩形，将其填充颜色设置为C:100、M:0、Y: 0、K:0，如图3-11所示。

图3-11

04 按Ctrl+R组合键调出标尺，在左侧的标尺上按住鼠标向页面中拖动，此时会出现一个辅助线，按照尺寸调整出3条辅助线，如图3-12所示。

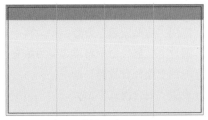

图3-12

四折页正面左侧区域制作

01 执行菜单"文件|置入"命令，置入"手机界面.jpg"素材文件，再复制一个副本，如图3-13所示。

图3-13

02 使用"矩形工具" ▣分别在两个素材上绘制矩形，再拖动圆角调整点，将矩形调整为圆角矩形，如图3-14所示。

图3-14

03 分别选择圆角矩形和后面素材，执行菜单"编辑|剪贴蒙版|建立"命令，将圆角矩形和后面的素材创建剪贴蒙版，效果如图3-15所示。

图3-15

04 使用"选择工具" ▧将两个圆角矩形移动到四折页的左侧，调整大小和位置，设置描边颜色为C:35、M:17、Y:97、K:4，设置"描边宽度"为3pt，如图3-16所示。

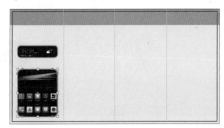

图3-16

05 使用"直线段工具" ✏ 在两个圆角矩形上绘制两条连接线条，效果如图3-17所示。

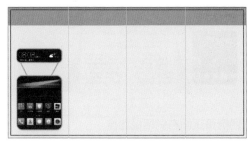

图3-17

06 使用"文字工具" T 在圆角矩形上输入文字，此时左侧部分制作完成，效果如图3-18所示。

图3-18

四折页正面中间区域制作

01 置入"手机背面.png"素材文件，将其进行90度旋转，再调整大小和位置，效果如图3-19所示。

图3-19

▶ **温馨提示**

　　图像中的背景如果是纯色的，可以在Photoshop CC中通过"魔术橡皮擦工具" 🖌 在纯色的背景上单击，可以快速去掉纯色背景，如图3-20所示。

图3-20

02 使用"椭圆工具" ⬭ 在手机摄像头上绘制一个正圆形轮廓，设置颜色为C:35、M:17、Y:97、K:4，如图3-21所示。

图3-21

03 再置入一次"手机背面"素材文件，在摄像头上绘制一个正圆形，如图3-22所示。

图3-22

04 将正圆形与后面的手机一同选取，执行菜单"编辑|剪贴蒙版|建立"命令，为手机制作剪贴蒙版，将轮廓颜色设置为C:35、M:17、Y:97、K:4，效果如图3-23所示。

图3-23

05 使用"矩形工具" ▭ 在底部绘制一个矩形轮廓，设置描边颜色为C:35、M:17、Y:97、K:4，设置"描边宽度"为4pt，效果如图3-24所示。

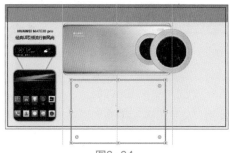

图3-24

06 执行菜单"对象|扩展"命令，打开"扩展"对话框，设置参数后单击"确定"按钮，效果如图3-25所示。

图3-25

07 使用"矩形工具" ▢ 在底部绘制一个矩形，将其与后面的矩形一同选取，如图3-26所示。

图3-26

08 执行菜单"窗口|路径查找器"命令，打开"路径查找器"面板，单击"减去顶层"按钮 ▣，效果如图3-27所示。

图3-27

09 使用"直接选择工具" ▷ 调整形状，效果如图3-28所示。

图3-28

10 使用"文字工具" T 在图形框内输入文字，在中间区域的最上方输入文字，此时中间区域部分制作完成，效果如图3-29所示。

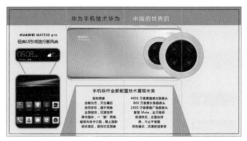

图3-29

四折页正面右侧区域制作

01 置入"手机正面.png"素材文件，使用"椭圆工具" ⬭ 在手机上绘制一个正圆形轮廓，效果如图3-30所示。

图3-30

02 将正圆形轮廓和手机一同选取，执行菜单"编辑|剪贴蒙版|建立"命令，为手机制作剪贴蒙版，将描边颜色设置为C:35、M:17、Y:97、K:4，设置"描边宽度"为3pt，效果如图3-31所示。

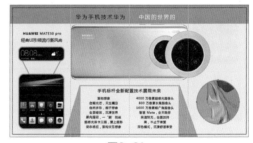

图3-31

03 使用"钢笔工具" ✐ 绘制一条连接线，效果如图3-32所示。

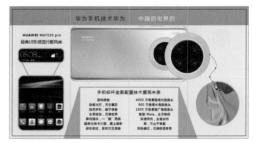

图3-32

中文版Photoshop+Illustrator商业案例项目设计完全解析

04 使用"文字工具" T 输入文字，调整文字的位置和大小，效果如图3-33所示。

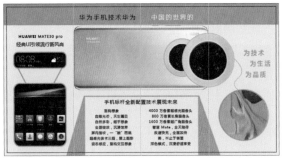

图3-33

05 置入Logo素材文件，执行菜单"窗口|透明度"命令，打开"透明度"面板，设置混合模式为"变暗"，效果如图3-34所示。

图3-34

06 至此，四折页正面右侧部分制作完成，整体的四折页效果如图3-35所示。

图3-35

3.5.5 使用Illustrator制作手机四折页背面

■ 制作流程

　　本案例主要利用"矩形工具" ■ 和辅助线制作背景，再通过"置入"命令置入素材，将素材进行"剪贴蒙版"处理后调整图形，输入文字，完成背面的制作，具体流程如图3-36所示。

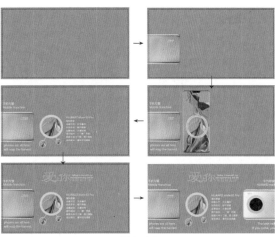

图3-36

■ 技术要点
  ➤ 绘制矩形制作背景；
  ➤ 置入素材；
  ➤ 创建剪贴蒙版；
  ➤ 复制对象；
  ➤ 输入文字。

■ 操作步骤

背景制作

01 新建一个285mm×150mm、出血为3mm的空白文档。使用"矩形工具" ■ 根据出血线绘制一个青色矩形，如图3-37所示。

图3-37

02 按Ctrl+R组合键调出标尺，在左侧的标尺上按住鼠标向页面中拖动，此时会出现一条辅助线，按照尺寸调整出两条辅助线，如图3-38所示。

图3-38

四折页背面左侧区域制作

01 置入"手机背面.png"素材文件，使用"矩形工具" ■ 在素材上面绘制一个矩形，如图3-39所示。

图3-39

02 将矩形和后面的手机一同选取，执行菜单"编辑|剪贴蒙版|建立"命令，为手机制作剪贴蒙版，效果如图3-40所示。

图3-40

03 使用"文字工具" T 输入文字，此时左侧区域制作完成，效果如图3-41所示。

图3-41

四折页背面中间区域制作

01 置入"手机背面.png"素材文件，使用"椭圆工具" ◯ 在手机上绘制一个正圆形，效果如图3-42所示。

图3-42

02 执行菜单"编辑|剪贴蒙版|建立"命令，为手机制作剪贴蒙版，将描边颜色设置为C:33、M:0、Y:5、K:0，设置"描边宽度"为14pt，效果如图3-43所示。

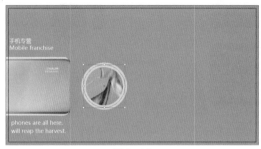

图3-43

03 复制两个正圆图形，将其缩小并缩小描边宽度，效果如图3-44所示。

图3-44

04 使用"直线段工具" ╱ 绘制两条连接线，效果如图3-45所示。

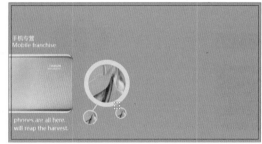

图3-45

05 使用"文字工具" T 在图形右侧输入文字，如图3-46所示。

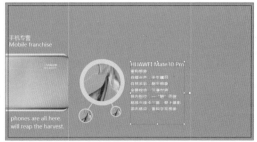

图3-46

06 再在图形的上部输入文字，调整文字大小及位置，效果如图3-47所示。

图3-47

07 在中文上方输入英文。至此，中间部分制作完成，效果如图3-48所示。

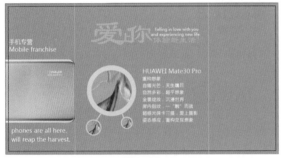

图3-48

四折页背面右侧区域制作

01 置入"手机背面.png"素材文件，使用"矩形工具"　在手机上绘制一个矩形，效果如图3-49所示。

图3-49

02 将矩形和后面的手机一同选取，执行菜单"编辑|剪贴蒙版|建立"命令，为手机制作剪贴蒙版，效果如图3-50所示。

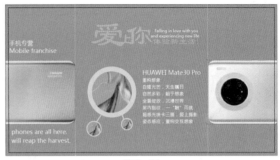

图3-50

03 使用"文字工具"　输入文字，此时左侧区域制作完成，效果如图3-51所示。

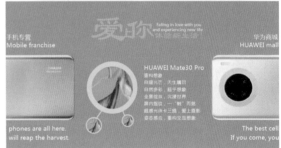

图3-51

3.5.6　使用Photoshop制作手机四折页效果图

■　制作流程

本案例主要利用选区工具创建选区后，为图像应用"高斯模糊"滤镜，合并图层后，移入正面、背面，添加阴影来制作立体感，具体操作流程如图 3-52所示。

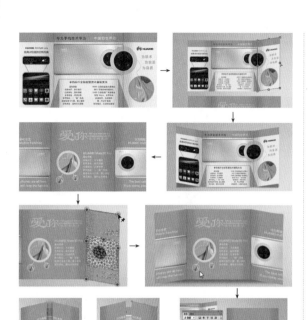

图3-52

■ 技术要点

➤ 绘制矩形选区并填充黑色；

➤ 去掉选区应用"高斯模糊"滤镜；

➤ 使用"扭曲"变换；

➤ 操控变形。

■ 操作步骤

四折页正面制作

01 打开Photoshop CC软件，新建一个空白文档。执行菜单"文件|置入"命令，置入Illustrator软件制作的四折页正面，如图3-53所示。

图3-53

02 执行菜单"图层|栅格化|智能对象"命令，将置入的智能对象图层变为普通图层，按Ctrl+R组合键调出标尺，在左侧标尺上按住鼠标左键向页面内拖动，拖出辅助线，如图3-54所示。

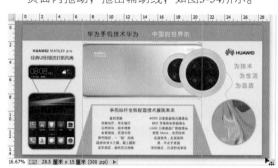

图3-54

03 新建一个图层，使用"矩形选框工具" ▦ 绘制一个矩形，将其填充为黑色，如图3-55所示。

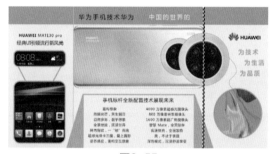

图3-55

04 按Ctrl+D组合键去掉选区，执行菜单"滤镜|模糊|高斯模糊"命令，打开"高斯模糊"对话框，设置"半径"为10像素；然后在"图层"面板中设置"不透明度"为21%，效果如图3-56所示。

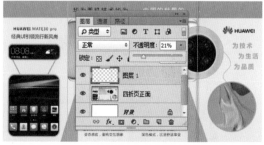

图3-56

05 新建一个图层，使用"矩形选框工具" 绘制一个矩形选区并将其填充为黑色，如图3-57所示。

图3-57

06 按Ctrl+D组合键取消选区，执行菜单"滤镜|模糊|高斯模糊"命令，打开"高斯模糊"对话框，设置"半径"为50像素；然后在"图层"面板中设置"不透明度"为10%，效果如图3-58所示。

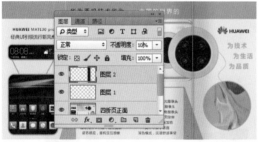

图3-58

07 将"图层1"图层和"图层2"图层一同选取，按住Alt键将图像向左侧拖动复制副本。至此，正面效果制作完成，效果如图3-59所示。

图3-59

四折页背面制作

01 新建一个空白文档，执行菜单"文件|置入"命令，置入Illustrator软件制作的四折页背面，在左侧标尺上按住鼠标向页面内拖动，拖出辅助线，如图3-60所示。

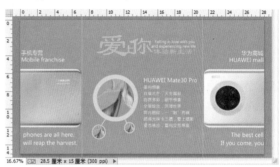

图3-60

02 将"四折页正面"文件中的"图层1""图层2""图层1拷贝"和"图层2拷贝"图层一同选取，将其拖动到"四折页背面"文档中，效果如图3-61所示。

图3-61

四折页正面立体效果制作

01 将"四折页正面"和"四折页背面"文件全部合并，然后新建一个空白文档，使用"渐变工具" 为其填充为从灰白色到灰色的径向渐变，如图3-62所示。

图3-62

02 将"正面和背面"的合并图像拖动到当前文档中，如图3-63所示。

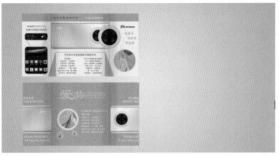

图3-63

03 新建"组1"，将"图层1"图层拖动到里面，再使用"矩形选框工具" ▣ 绘制一个矩形选区，如图3-64所示。

图3-64

04 按Ctrl+X组合键将选区内的图像进行剪切，再按Shift+Ctrl+V组合键进行原位粘贴，效果如图3-65所示。

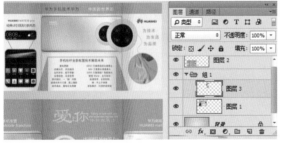

图3-65

05 按Ctrl+T组合键调出变换框，将变换中心点移动到左侧，按住Ctrl键拖动控制点，将其进行变形，效果如图3-66所示。

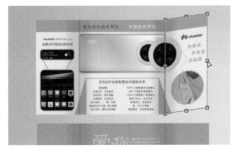

图3-66

06 按Enter键完成变换。选中"图层1"图层，使用"矩形选框工具" ▣ 绘制一个矩形选区，按Ctrl+X组合键将选区内的图像进行剪切，再按Shift+Ctrl+V组合键进行原位粘贴，效果如图3-67所示。

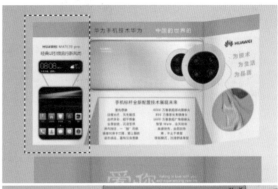

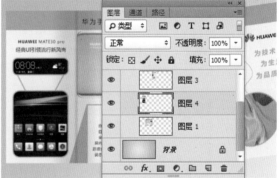

图3-67

07 按Ctrl+T组合键调出变换框，将变换中心点移动到右侧，按住Ctrl键拖动控制点，将其进行变形，效果如图3-68所示。

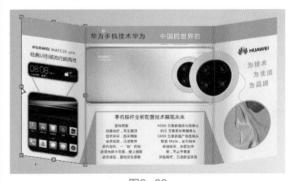

图3-68

08 按Enter键完成变换。新建一个图层，绘制一个矩形选区，将其填充为黑色，按Ctrl+D组合键去掉选区，执行菜单"滤镜|模糊|高斯模糊"命令，打开"高斯模糊"对话框，设置"半径"为6.4像素；然后在"图层"面板中设置"不透明度"为40%，效果如图3-69所示。

中文版Photoshop+Illustrator商业案例项目设计完全解析

图3-69

09 选择"椭圆选框工具" ◯ ，在属性栏中设置
"羽化"为40像素，在图像中绘制椭圆选区，
按Delete键删除选区内的图形，效果如图3-70
所示。

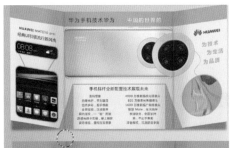

图3-70

10 按Ctrl+D组合键取消选区。至此，正面立体效
果制作完成，效果如图3-71所示。

图3-71

四折页背面立体效果制作

01 在"图层"面板中新建"组2"，选择"四折页
背面"对应的图层，将其拖动到"组2"中，如
图3-72所示。

图3-72

02 使用"矩形选框工具" ▦ 绘制一个矩形选区，
按Ctrl+X组合键将选区内的图像进行剪切，再
按Shift+Ctrl+V组合键进行原位粘贴，效果如
图3-73所示。

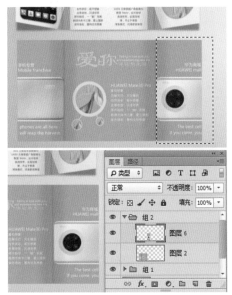

图3-73

03 按Ctrl+T组合键调出变换框，将变换中心点移
动到左侧，按住Ctrl键拖动控制点，将其进行变
形，效果如图3-74所示。

图3-74

04 按Enter键完成变换。执行菜单"编辑|操控变形"命令，进入操控变形编辑界面，为编辑区域添加控制点，拖动最右上角的控制点调整形状，效果如图3-75所示。

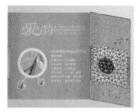

图3-75

05 按Enter键完成变换，效果如图3-76所示。

图3-76

06 使用同样的方法将左侧的边也制作出效果，如图3-77所示。

图3-77

07 新建一个图层，绘制一个矩形选区，将其填充为黑色，按Ctrl+D组合键取消选区，执行菜单"滤镜|模糊|高斯模糊"命令，打开"高斯模糊"对话框，设置"半径"为6.4像素；然后在"图层"面板中设置"不透明度"为40%，效果如图3-78所示。

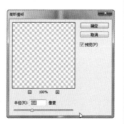

图3-78

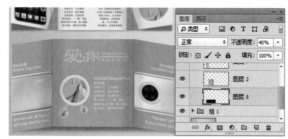

图3-78（续）

08 新建一个图层，绘制两个矩形选区，将其填充为黑色，效果如图3-79所示。

图3-79

09 按Ctrl+D组合键取消选区，执行菜单"滤镜|模糊|高斯模糊"命令，打开"高斯模糊"对话框，设置"半径"为6.4像素；然后在"图层"面板中设置"不透明度"为40%，效果如图3-80所示。

图3-80

10 选择"椭圆选框工具"，在属性栏中设置"羽化"为40像素，在图像中绘制椭圆形选区，按Delete键删除选区内的图形，效果如图3-81所示。

图3-81

11 至此，四折页背面立体效果制作完成，如图3-82所示。

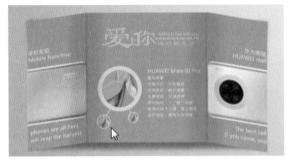

图3-82

四折页折叠效果制作

① 在"图层"面板中新建"组3",在合并后的"四折页正面和四折页背面"文档中绘制矩形选区,将需要的区域拖动到"组3"中,如图3-83所示。

图3-83

② 按Ctrl+T组合键调出变换框,将变换中心点移动到左侧,按住Ctrl键拖动控制点,将其进行变形,效果如图3-84所示。

图3-84

③ 按Enter键完成变换。选择右边的图像,按Ctrl+T组合键调出变换框,将变换中心点移动到右侧,按住Ctrl键拖动控制点,将其进行变形,效果如图3-85所示。

图3-85

④ 按Enter键完成变换。新建一个图层,绘制一个矩形选区,将其填充为黑色,按Ctrl+D组合键取消选区,执行菜单"滤镜|模糊|高斯模糊"命令,打开"高斯模糊"对话框,设置"半径"为30像素;然后在"图层"面板中设置"不透明度"为40%,效果如图3-86所示。

图3-86

⑤ 使用"多边形套索工具"  在顶部绘制一个"羽化"为30像素的选区,按Delete键清除选区内容,效果如图3-87所示。

图3-87

⑥ 按Ctrl+D组合键取消选区,复制当前图层,执行菜单"编辑|变换|水平翻转"命令,将翻转后的图像向左移动,效果如图3-88所示。

图3-88

⑦ 至此,整个手机四折页效果图制作完成,效果如图3-89所示。

图3-89

3.6 商业案例——请柬设计

3.6.1 请柬尺寸

传统请柬在形状上可分为正方形、长方形、长条形，外形和尺寸都有一定的比例和大小。

正方形：尺寸范围在130mm×130mm至150mm×150mm，副卡一般可以做到100mm×100mm左右。

长方形：尺寸范围在170mm×115mm至190mm×128mm，大小要随比例改变，要符合黄金分割。副卡不宜太大。

长条形：尺寸范围在210mm×110mm至250mm×110mm，大小要随比例改变。打开方式只适合横向和单边打开。

随着时代的发展，人们对于设计的不同理解，请柬在尺寸上可以自行的设计与制作。只要内容符合表达的主题就可以。

3.6.2 项目分析与设计思路

本案例所设计的请柬采用双面印刷，正面主要是通过图像之间的结合，添加了一些色板图案、文本的组合，布局构图应用的是中间对齐、大小对比、文字和背景颜色对比，使版面更加具有视觉冲击力，在版面中运用了形状图案填充和透明度，使版面具有层次感。背面则主要是通过图案结合图像的方式来展现请柬的视觉效果。

设计时要根据请柬的形状、颜色特点，合理地布局各个设计元素，突出请柬的主题内容，增加请柬的设计感。

3.6.3 配色与布局构图

1. 配色

本案例中的配色根据案例的特点设计，正面以棕色图案为底衬，添加红色图形、文字以及黑色对比的文字；背面以棕色图案为底衬，使用红色渐变图形和红色蝴蝶结图像作为点缀，使请柬更具功能化、更加的时尚，如图3-90所示。

| C:0 M:100 Y:100 K:0
R:255 G:0 B:0
#FF0000 | C:35 M:60 Y:80 K:25
R:125 G:65 B:30
#7C411E | C:0 M:0 Y:0 K:100
R:51 G:44 B:43
#332C2B | C:0 M:0 Y:0 K:0
R:255 G:255 B:255
#FFFFFF |

图3-90

2. 布局构图

本案例中的请柬构图正面以上下结构进行构图，内容都以居中对齐进行排版；背面同样以上下进行构图，如图3-91所示。

图3-91

3.6.4 使用Illustrator制作请柬雏形

■ 制作流程

本案例主要通过使用"矩形工具"■绘制一个矩形，再将矩形调整为圆角矩形，添加"投影"样式后复制副本，填充图案色板，调整不透明度后，再复制圆角矩形填充图案色板，绘制六边形、插入符号，再输入文字完成制作，具体操作流程如图 3-92所示。

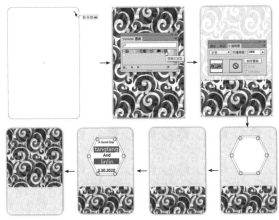

图3-92

- 技术要点
  - ➤ 绘制矩形；
  - ➤ 将矩形调整为圆角矩形；
  - ➤ 添加"投影"样式；
  - ➤ 填充Vonster图案；
  - ➤ 插入符号进行扩展；
  - ➤ 输入文字。
- 操作步骤

正面制作

01 启动Illustrator CC软件，新建一个空白文档。使用"矩形工具"  绘制一个矩形，去掉描边，拖动圆角调整点，设置"圆角半径"为6.05，效果如图3-93所示。

图3-93

02 执行菜单"效果|风格化|投影"命令，打开"投影"对话框，设置参数后单击"确定"按钮，效果如图3-94所示。

图3-94

03 按Ctrl+C组合键进行复制，按Ctrl+Shift+V组合键进行原位粘贴。执行菜单"窗口|外观"命令，在"外观"面板中隐藏"投影"，效果如图3-95所示。

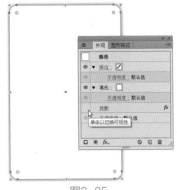

图3-95

04 执行菜单"窗口|色板库|图案|装饰|Vonster图案"命令，在"Vonster图案"面板中选择"高卷式发型"，效果如图3-96所示。

图3-96

05 执行菜单"窗口|透明度"命令，在"透明度"面板中设置"透明度"为13%，效果如图3-97所示。

图3-97

06 按Ctrl+C组合键进行复制，按Ctrl+Shift+V组合键进行原位粘贴。将圆角矩形调低，在"透明度"面板中设置"不透明度"为100%，效果如图3-98所示。

图3-98

07 使用"多边形工具"  在页面中绘制一个六边形，使用"选择工具"  将六边形拉高，效果如图3-99所示。

图3-99

08 使用"直线段工具"  在六边形内侧绘制直线段，效果如图3-100所示。

图3-100

09 执行菜单"窗口|符号"命令，打开"符号"面板，选择其中的"丝带"符号，将其拖动到文档中，效果如图3-101所示。

图3-101

10 执行菜单"对象|扩展"命令，打开"扩展"面板，设置完成后，单击"确定"按钮，将符号变为图形，效果如图3-102所示。

图3-102

11 将转换为图形的符号描边设置为红色，将图形缩小移动到合适位置，效果如图3-103所示。

图3-103

12 复制5个副本，将其移动到六边形的其他角上，效果如图3-104所示。

图3-104

13 使用"矩形工具"  绘制两个红色矩形，将其作为白色文字的底衬，效果如图3-105所示。

图3-105

14 使用"文字工具" T 输入文字。至此，请柬正面制作完成，效果如图3-106所示。

图3-106

背面制作

01 复制制作完成的正面图形，然后删除文字、六边形、直线、符号图形，效果如图3-107所示。

图3-107

02 使用"选择工具" ▶，调整小圆角矩形的大小和位置，此时背面制作完成，效果如图3-108所示。

图3-108

3.6.5 使用Photoshop制作请柬的整体效果

■ 制作流程

本案例主要使用"渐变工具" ■填充径向渐变作为背景，置入智能对象，绘制矩形选区并填充渐变色，绘制红色矩形，置入图像调整色相，具体的

操作流程如图3-109所示。

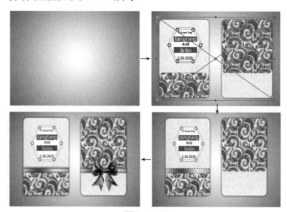

图3-109

■ 技术要点

> 使用"渐变工具" ■填充渐变色；

> 置入智能对象；

> 使用"矩形选框工具"绘制矩形选区并填充渐变色；

> 绘制红色矩形；

> 为图像去掉背景；

> 置入素材并调整"色相/饱和度"。

■ 操作步骤

01 启动Photoshop CC软件，新建一个横向的A4纸大小的空白文档。使用"渐变工具" ■填充从灰白色到灰色的径向渐变，效果如图3-110所示。

图3-110

02 在Illustrator CC中框选制作的所有对象，按Ctrl+C组合键进行复制，转换到Photoshop CC中，按Ctrl+V组合键将复制的图形直接以智能对象的方式进行置入，如图3-111所示。

图3-111

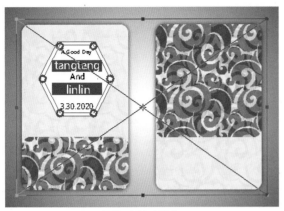

图3-111（续）

03 按Enter键完成置入。新建一个图层，使用"矩形选框工具"  在图形上绘制一个矩形选区，选择"渐变工具" 后设置渐变颜色，然后在选区内填充线性渐变，如图3-112所示。

图3-112

04 按Ctrl+D组合键取消选区。执行菜单"图层|图层样式|投影"命令，打开"图层样式"对话框，勾选"投影"复选框，其中的参数值设置如图3-113所示。

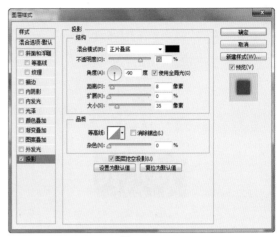

图3-113

05 设置完成后，单击"确定"按钮，效果如图3-114所示。

图3-114

06 新建一个图层，使用"矩形工具" 绘制两个红色矩形，如图3-115所示。

图3-115

07 复制渐变矩形和红色矩形，将其拖动到背面上，效果如图3-116所示。

中文版Photoshop+Illustrator商业案例项目设计完全解析

图3-116

08 打开附带的"领结"素材文件,选择"魔术橡皮擦工具"，在属性栏中设置"容差"为40、勾选"消除锯齿"复选框和"连续"复选框,在白色背景上单击,去掉背景中如图3-117所示的线条。

图3-117

09 使用"移动工具"将"领结"图像拖动到新建的文档中,如图3-118所示。

图3-118

10 执行菜单"图层|新建调整图层|色相/饱和度"命令,打开"色相/饱和度"调整面板,设置参数如图3-119所示。

图3-119

11 至此,本案例制作完成,效果如图3-120所示。

图3-120

3.7 优秀作品欣赏

04

第 4 章

海报广告设计

本章主要从海报广告的分类、形式等方面着手，介绍海报广告设计的相关基础知识，并通过相应的案例制作，引导读者理解海报广告的应用以及制作方法，使读者能够快速掌握海报广告的设计方法。

强、成本低廉、对发布环境要求较低等特点。其内容必须真实准确，语言要生动并有吸引力，篇幅必须短小。可以根据内容需要配上适当的图案或图画，以增强宣传感染力。海报艺术是一种美学艺术表现形式，其表现形式具有多样化，如图4-1所示。

图4-1

★★★★
4.1 海报广告设计的概述与应用

海报也叫招贴，英文名为Poster，是在公共场所以张贴或散发形式发布的一种印刷品广告。海报具有发布时间短、时效强、印刷精美、视觉冲击力

图4-1（续）

海报广告在应用方面具有尺寸大、远视强和艺术性高等特点。

1.尺寸大

海报招贴张贴于公共场所，会受到周围环境和各种因素的干扰，所以必须以大画面及突出的形象和色彩展现在人们面前。其画面尺寸有全开、对开、长三开及特大画面（八张全开）等。

2.远视强

为了使来去匆忙的人们留下视觉印象，除了尺寸大之外，招贴设计还要充分体现定位设计的原理。以突出的商标、标志、标题、图形，或对比强烈的色彩，或大面积的空白，或简练的视觉流程使海报招贴成为视觉焦点。招贴可以说具有广告的典型特征。

3.艺术性高

就招贴的整体性而言，它包括商业招贴和非商业招贴两大类。其中商业招贴的表现形式以具体艺术表现力的摄影、造型写实的绘画或漫画形式表现为主，给消费者留下真实感人的画面和富有幽默情趣的感受。

而非商业招贴，内容广泛、形式多样，艺术表现力丰富。特别是文化艺术类的招贴画，根据广告主题可以充分发挥想象力，尽情施展艺术手段。许多追求形式美的画家都积极投身到招贴画的设计中，并且在设计中运用自己的绘画语言，设计出风格各异、形式多样的招贴画。

4.2 海报广告的分类

海报按其应用不同，大致可以分为商业海报、文化海报、电影海报和公益海报等，这里对它们进行简单的介绍。

1.商业海报

商业海报是指宣传商品或商业服务的商业广告性海报。商业海报的设计，要恰当地配合产品的格调和受众对象，如图4-2所示。

图4-2

2. 文化海报

文化海报是指各种社会文娱活动及各类展览的宣传海报。展览的种类很多，不同的展览都有它各自的特点，设计师需要了解展览和活动的内容才能运用恰当的方法表现其内容和风格，如图4-3所示。

图4-3

3. 电影海报

电影海报是海报的分支，电影海报主要是起到吸引观众注意、刺激电影票房收入的作用，画面要与电影内容相对应，与戏剧海报、文化海报等有几分类似，如图4-4所示。

图4-4

4. 公益海报

社会公益海报是带有一定思想性的。这类海报具有特定的对公众的教育意义，其海报主题包括各种社会公益、道德的宣传，或政治思想的宣传，弘扬爱心奉献、共同进步的精神等，如图4-5所示。

图4-5

4.3 海报广告的应用形式

海报广告在设计时的应用形式主要分为店内海报设计、招商海报设计、展览海报设计和平面海报设计等，具体说明如下。

1. 店内海报设计

店内海报通常应用于营业店面内，做店内装饰和宣传用途。店内海报的设计需要考虑到店内的整体风格、色调及营业的内容，力求与环境相融。

2. 招商海报设计

招商海报通常以商业宣传为目的，采用引人注目的视觉效果，达到宣传某种商品或服务的目的。设计时要表现商业主题、突出重点，不宜太花哨。

3. 展览海报设计

展览海报主要用于展览会的宣传，常分布于街道、影剧院、展览会、商业闹区、车站、码头、公园等公共场所。它具有传播信息的作用，涉及内容广泛、艺术表现力丰富、远视效果强。

4. 平面海报设计

平面海报设计不同于海报设计，它是单体的、独立的海报广告文案，这种海报往往需要更多的抽象表达。平面海报设计时没有那么多的约束，它可以是随意的一笔，只要能表达出宣传的主体就很好。所以，平面海报设计是比较符合现代广告界青睐的一种低成本、观赏力强的画报。

4.4 海报广告的设计步骤与设计元素

海报广告在设计时应该遵循的步骤与设计元素，如表4-1所示。

表4-1 海报广告的设计步骤与设计元素

设计步骤	设计元素
（1）这张海报的目的？ （2）目标受众是谁？ （3）他们的接受方式怎么样？ （4）其他同行业类型产品的海报怎么样？ （5）此海报的体现策略是什么？ （6）创意点是什么？ （7）表现手法是什么？ （8）如何与产品结合？	（1）充分的视觉冲击力，可以通过图像和色彩来实现。 （2）海报表达的内容精练，抓住主要诉求点。 （3）内容不可过多，突出主体亮点，抓住观看者欣赏习惯。 （4）一般以图片为主，文案为辅。 （5）主题字体醒目。

4.5 海报广告的构成

海报广告的设计必须有相当的视觉艺术感染力和主题号召力，通过运用图像、文字、色彩、修饰、版式等因素，形成强烈的视觉效果。设计时不必太烦琐，简洁明了的设计是最便于大家记住的，效果主题不明确或者是过于简单，都会使人不知所云，失去继续看下去的兴趣。

1.图像

图像是海报广告的主要构成元素，它能够形象地表现广告主题。海报中的创意图像是吸引受众目光的重点，它可以是手绘插画、图像合成、摄影作品等，表现技法上有写实、超现实、卡通漫画、装饰等手法。在设计上需紧紧环绕广告主题，凸显商品信息，以达到宣传的功效，如图4-6所示。

图4-6

2.文字

文字在海报广告中占有举足轻重的地位，和图像比较起来，文字信息的传达更加直接。现代海报设计中，许多设计师用心于文字的改进、创造、运用，他们依靠有感染力的字体及文字编排方式，创造出一个又一个的视觉惊喜，在这些海报广告的效果中，我们看到文字有大小对比、字体对比、颜色对比、虚实对比等，通过多样的文字效果可以构建出多层次多角度的视觉效果，如图4-7所示。

图4-7

3.配色

图像配色可以按照不同的颜色调和进行相配，同种色具有相同色相，不同明度和纯度的色彩调和，保持色相值不变，在明度、纯度的变化上，形成强弱、高低的对比，以弥补同色调和的单调感；类似色以色相接近的某类色彩，如红与橙、蓝与紫等的调和，称为类似色的调和，类似色的调和主要靠类似色之间的共同色来产生作用，色环保持在60度以内；对比色之间具有类似色的关系，也可起到调和的作用。色环120~180度之间的颜色，具体的颜色搭配可参考如图4-8所示的色环。

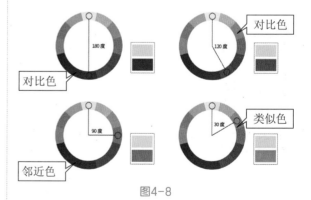

图4-8

图像和文字都脱离不了色彩的表现，色彩有先声夺人的功能，海报广告的配色要切合主题、简洁明快、新颖有力，对比度、感知度的把握很关键，如图4-9所示。

图4-9

4. 修饰

海报中的图像或文字，如果是单纯地进行摆放，效果虽然出来了，但是有时总是感觉好像缺点什么，这时就可以通过简单修饰点缀来提升整体的视觉感染力，修饰可以是线条、可以是图形、可以是背景中半透明的效果等，如图4-10所示。

图4-10

5. 版式

一个想要吸引浏览者目光的海报版式，是需要有自己独特版式编排的，传统概念下的版式是不具备如此魄力的，当今好的海报广告在版式设计时都是比较自由的，自由版式是对排版秩序结构的肢解，不是用清晰的思路与规律去把握设计，没有传统版式的严谨对称，没有栏的条块分割，没有标准化，在对点、线、面等元素的组织中强调个性发挥的表现力，追求版面多元化，如图4-11所示。

图4-11

4.6 商业案例——手机海报设计

4.6.1 手机海报的设计思路

在制作手机海报时首先要定位当前手机海报商品中的一个卖点，然后才能根据特点进行创作。本案例是苹果手机海报，所以在制作时，在图像中表现出了手机的处理器功能，比如在拍照方面的强大功能。本案例以iPhone 11为蓝本制作的拍照风格海报，在画面中第一视觉点一定要体现出主角也就是手机本身，第二视觉点是通过加入的照片图像来辅助增强海报的主题，第三、四视觉点主要是以文字效果的方式来点缀整个画面，文字的多色效果与该手机的多种颜色相结合。图像中运用的火龙图像就是为了体现处理器的速度功能，与商品本身相结合可以寓意该手机的火爆程度。

4.6.2 配色分析

设计时要根据手机的特点，合理地运用各个色彩元素，突出手机所具有的科技感觉。

本案例中的配色根据案例的特点都被结合到了文字上面，与文字本身的寓意正好相符，图像部分运用了黑、白、火黄色和照片本身的色彩，商品本身是6种颜色，所以在能够体现本海报色彩的基础上，只使用了火黄色，如图4-12所示。

C:0 M:50 Y:100 K:0	C:0 M:0 Y:0 K:100	C:0 M:0 Y:0 K:0
R:255 G:128 B:0	R:51 G:44 B:43	R:255 G:255 B:255
#FF8000	#332C2B	#FFFFFF

图4-12

图4-12（续）

4.6.3 海报的构图布局

布局构图是设计海报非常重要的一项内容，好的布局结构可以在视觉中产生美感。本案例是按照传统的从上向下的构图方法，正好也是符合人们看图时的一个习惯，上面直接摆放商品本身和照片，下面的修饰文字用来说明该商品的作用，如图4-13所示。

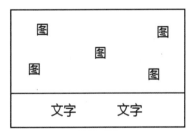

图4-13

4.6.4 使用Illustrator制作手机海报中的文字部分

■ 制作流程

本案例主要使用"文字工具" T 输入文字并将其转换为图形，为图形文字添加描边和图案填充，具体操作流程如图 4-14所示。

■ 技术要点

> 使用"文本工具"输入文字；
> 创建轮廓；
> 应用"边框_框架"面板添加描边；
> 应用"装饰旧版"面板填充图案；
> 应用"自然_叶子"面板填充图案。

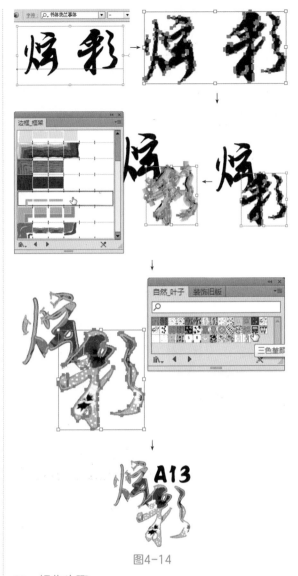

图4-14

■ 操作步骤

01 启动Illustrator CC软件，新建一个空白文档。使用"文字工具" T 输入文字，选择一个书法性较强的字体，如图4-15所示。

图4-15

02 执行菜单"文字|创建轮廓"命令，将文字转换为图形，效果如图4-16所示。

图4-16

03 执行菜单"对象|取消编组"命令或按 Shift+Ctrl+G组合键，将两个文字图形进行 拆分，分别调整大小和位置，效果如图4-17 所示。

图4-17

04 执行菜单"窗口|画笔库|边框_框架"命令，打 开"边框_框架"面板，选择其中的"金色"，效果如图4-18所示。

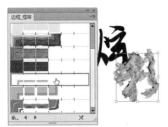

图4-18

05 在属性栏中设置"描边宽度"为0.25pt，效果如 图4-19所示。

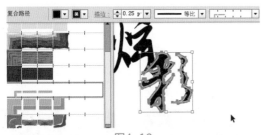

图4-19

06 选择"炫"文字，为其添加同样的边框画笔，效果如图4-20所示。

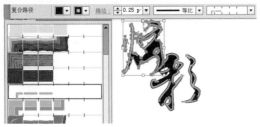

图4-20

07 执行菜单"窗口|色板库|图案|装饰|装饰旧版"命令，打开"装饰旧版"面板，选择其中的"装饰地毯颜色"图案，效果如图4-21所示。

图4-21

08 选择"彩"文字，执行菜单"窗口|色板库|图案|自然|自然_叶子"命令，打开"自然_叶子"面板，选择其中的"三色堇颜色"图案，效果如图4-22所示。

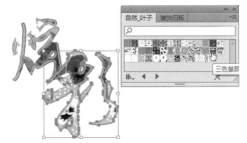

图4-22

09 使用"文字工具"[T]在"彩"文字上方输入文字。至此，文字部分制作完成，效果如图4-23所示。

图4-23

4.6.5 使用Photoshop 制作手机海报最终合成效果

■ 制作流程

本案例主要利用"魔术橡皮擦工具"为图像去掉背景，为图层添加图层蒙版制作合成效果，置入文字并调整大小，通过盖印图层应用"高反差保留"滤镜制作清晰度，具体操作流程如图4-24所示。

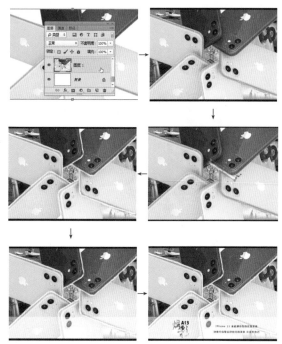

图4-24

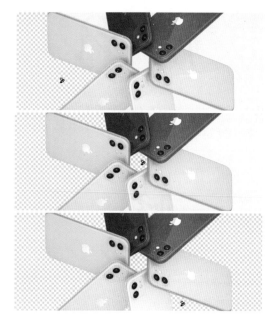

图4-26

■ 技术要点

> 利用"魔术橡皮擦工具"去掉背景；

> 置入素材图像；

> 新建组置入图像，设置混合模式；

> 为图层添加图层蒙版；

> 盖印图层；

> 应用"高反差保留"命令结合混合模式调整图像清晰度。

■ 操作步骤

手机图和照片制作

01 启动Photoshop CC软件，打开"手机.png"素材文件，如图4-25所示。

图4-25

02 选择"魔术橡皮擦工具" ，在属性栏中设置"容差"为40、勾选"消除锯齿"和"连续"复选框，在灰色背景上依次单击去掉背景色，效果如图4-26所示。

03 新建一个横向A4纸大小的空白文档，将去掉背景后的手机图像拖动到新建文档中，按Ctrl+T组合键调出变换框，拖动控制点调整大小，效果如图4-27所示。

图4-27

04 按Enter键完成变换。打开附带的"照片01.jpg"～"照片05.jpg"素材文件，如图4-28所示。

图4-28

05 将打开的所有素材拖动到新建文档中，按Ctrl+T组合键调出变换框，拖动控制点将其分别进行大小调整，按Enter键完成变换，在"图层"面板中改变图层顺序，效果如图4-29所示。

图4-29

06 在"图层1"图层的上方新建一个图层，再使用"矩形工具"■绘制两个黑色矩形，此时手机图像和照片部分制作完成，效果如图4-30所示。

图4-30

火龙围绕效果制作

01 新建"组1"，打开附带的"火龙.png"素材文件，将其拖动到"组1"中，如图4-31所示。

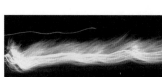

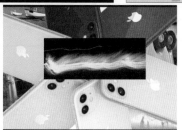

图4-31

02 执行菜单"编辑|变换|水平翻转"命令，将图像进行水平翻转，设置图层混合模式为"滤色"，效果如图4-32所示。

图4-32

03 按Ctrl+T组合键调出变换框，拖动控制点将图像缩小并进行旋转，效果如图4-33所示。

图4-33

04 按Enter键完成变换。复制一个火龙图层，按Ctrl+T组合键调出变换框，将其进行旋转并移动位置，效果如图4-34所示。

图4-34

05 再复制一个副本调整位置，效果如图4-35所示。

图4-35

06 选中"图层7"图层，执行菜单"图层|图层蒙版|显示全部"命令，为图层添加一个图层蒙版。使用"画笔工具"☑在黑色手机与火龙相接的区域绘制黑色画笔，效果如图4-36所示。

图4-36

07 选中"图层7"图层缩览图,执行菜单"编辑|操控变形"命令,调出操控变形变换界面,如图4-37所示。

图4-37

08 移动鼠标在操控变形区域单击调出变换点,如图4-38所示。

图4-38

09 拖动最左侧的控制点将其进行操控变形调整,如图4-39所示。

图4-39

10 按Enter键完成变换,效果如图4-40所示。

图4-40

11 选中"图层7拷贝"图层,执行菜单"图层|图层蒙版|显示全部"命令,为图层添加一个图层蒙版。使用"画笔工具" 🖌 在两个火龙相接的区域绘制黑色画笔,效果如图4-41所示。

图4-41

12 选中"图层7拷贝2"图层,执行菜单"图层|图层蒙版|显示全部"命令,为图层添加一个图层蒙版。使用"画笔工具" 🖌 在两个火龙相接的区域绘制黑色画笔,效果如图4-42所示。

图4-42

▶ 温馨提示

在"图层"面板中,单击"添加图层蒙版"按钮 🔲 可以为当前图层添加一个空白蒙版,也就是显示全部,如图4-43所示;按Alt键单击"添加图层蒙版"按钮 🔲 可以为当前图层添加一个黑色蒙版,也就是隐藏全部,如图4-44所示。

图4-43 　　　　　　　图4-44

⑬ 按住Alt键拖动"组1"，释放鼠标左键会复制一个"组1拷贝"，如图4-45所示。

图4-45

⑭ 按Ctrl+T组合键调出变换框，将其进行旋转并移动位置，效果如图4-46所示。

图4-46

⑮ 按Enter键完成变换。使用同样的方法制作其他几个副本，效果如图4-47所示。

图4-47

⑯ 新建一个图层，使用"矩形工具" 绘制一个白色矩形，设置"透明度"为44%，效果如图4-48所示。

图4-48

文字合成制作

⑴ 在Illustrator CC中选择制作的文字，按Ctrl+C组合键将其复制，转换到Photoshop CC中选择新建文档中的最上层，按Ctrl+V组合键进行粘贴，系统会弹出"粘贴"对话框，选中"智能对象"单选按钮，如图4-49所示。

图4-49

⑵ 单击"确定"按钮，按Enter键完成置入。移动位置后，效果如图4-50所示。

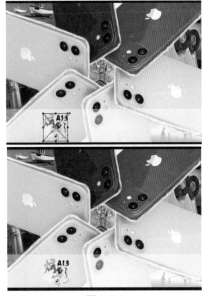

图4-50

03 使用"横排文字工具" T 输入其他文字，效果如图4-51所示。

图4-51

清晰度调整

01 选择"图层"面板中的最上层，按Ctrl+Shift+Alt+E组合键盖印图层，效果如图4-52所示。

图4-52

温馨提示

在"图层"面板中按Ctrl+E组合键可以将当前图层和下面的图层合并为一个图层；按Ctrl+Shift+E组合键可以将"图层"面板中的所有可见图层合并；按Ctrl+Alt+E组合键可以将"图层"面板中选择的图层盖印一个合并图层；按Ctrl+Shift+Alt+E组合键可以将"图层"面板中的所有图层盖印一个合并图层。

02 执行菜单"滤镜|其他|高反差保留"命令，打开"高反差保留"对话框，设置"半径"为3像素，如图4-53所示。

图4-53

03 设置完成后，单击"确定"按钮。在"图层"面板中设置图层混合模式为"线性光"、"不透明度"为40%。至此，本案例制作完成，效果如图4-54所示。

图4-54

4.7 商业案例——公益海报设计

4.7.1 公益海报的设计思路

在制作公益海报时首先要考虑的是针对某个方面的公益类型，只有确定了公益类型才能制作具体的海报。本案例公益海报针对的是绿色环保类型，只有大家共同保护自己的家园才能让环境越来越好，海报是以正面的形象来叙述环保的重要。蓝天白云加动植物，以及人类的高楼大厦，只有守护好我们的生活环境，才能让地球上的每个生物都能有自己的家园。

画面中图像和图形以中心向外的方式进行排列，目的是让所有生物都围绕一个中心来生活。文字放在右侧起到说明和点缀整体的作用。

本案例公益海报的第一视觉一定要凸显出水杯、绿树和长颈鹿，第二视觉点是蓝天白云，第三、四视觉点用文字和图像对主题进行辅助说明。

4.7.2 配色分析

设计时要根据公益海报的特点以青色作为主色，加上绿色、白色和黑色来进行辅助配色。青色可以让整个画面看起来比较冷静，寓意让大家冷静地对待自己的家园，绿树和长颈鹿可以使图像有一丝活跃感，文本的配色以黑色和棕色为主调，可以与青色形成更好的对比，以此凸显文本内容，如图4-55所示。

C: 89 M:10 Y:10 K:1
R: 30 G:150 B:180
#1E96B4

C: 77 M:35 Y:99 K:22
R:46 G:83 B:23
#2E5317

C:40 M:65 Y:90 K:35
R:99 G:48 B:15
#63300F

C:0 M:0 Y:0 K:100
R:51 G:44 B:43
#332C2B

C:0 M:0 Y:0 K:0
R:255 G:255 B:255
#FFFFFF

图4-55

4.7.3 海报的构图布局

本海报的构图是以中心向外的方式搭配的，中心是树和楼房、边是长颈鹿、幼苗、白云和热气球，最边缘是文字。设计构图符合从中心向外看图的习惯，为了让背景更具有空间立体感，布局中按地面和天空进行划分，如图4-56所示。

图4-56

4.7.4 使用Illustrator制作公益海报中的文字区域

■ 制作流程

本案例主要使用"文字工具" T 输入文字并将其转换为图形后，利用"路径查找器"面板进行造型处理，使用"直接选择工具" 对图形进行调整并插入符号，具体操作流程如图4-57所示。

图4-57

■ 技术要点

> 使用"文字工具"输入文字；
> 创建轮廓；
> 使用"路径查找器"面板造型图形；
> 使用"直接选择工具" 调整形状；
> 插入符号。

■ 操作步骤

01 启动Illustrator CC软件，新建一个空白文档。使用"文字工具" T 输入文字，执行菜单"文字|创建轮廓"命令，将文字转换为图形，如图4-58所示。

图4-58

02 使用"矩形工具" 在文字图形上绘制一个矩形，如图4-59所示。

图4-59

03 将矩形和文字一同选取，执行菜单"窗口|路径查找器"命令，打开"路径查找器"面板，单击"减去顶层"按钮 ，效果如图4-60所示。

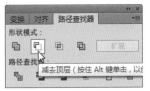 

图4-60

04 使用"直接选择工具" 调整图形，效果如图4-61所示。

图4-61

05 使用"直接选择工具" 选择控制点，拖动控制点，将其调整为圆角，效果如图4-62所示。

图4-62

06 使用"直接选择工具" 选择上半部分，将其填充为棕色，效果如图4-63所示。

图4-63

07 执行菜单"窗口|符号库|提基"命令，打开"提基"面板，选择其中的一个房子符号，将其拖动到页面中，效果如图4-64所示。

图4-64

08 拖动控制点，将符号缩小并将其拖动到文字上

方。至此，文字部分制作完成，效果如图4-65所示。

图4-65

4.7.5 使用Photoshop 制作公益海报最终合成效果

■ 制作流程

本案例主要利用"渐变工具" 填充渐变色，绘制矩形并清除选区内容，使用"画笔工具" 载入画笔绘制合适笔触，置入素材设置其不透明度，置入Illustrator文档输入文字，具体操作流程如图 4-66所示。

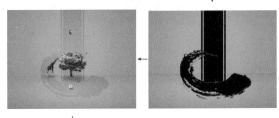

图4-66

■ 技术要点

➢ 使用"渐变工具"填充渐变色；

➢ 绘制矩形并删除选区内容；

➢ 绘制画笔笔触；

➢ 填充"投影"图层样式；

➢ 创建图层；

- ➢ 盖印图层；
- ➢ 转换图像模式；
- ➢ 应用"USM锐化"命令结合不透明度调整图像清晰度。

■ 操作步骤

01 执行菜单"文件|新建"命令，新建一个"宽度"为18厘米、"高度"为13.5厘米、分辨率为150像素/英寸的文档。使用"渐变工具" ▣ 在文档中间向边缘拖动填充一个从R:1、G:202、B:238到R:10、G:145、B:165颜色的径向渐变，效果如图4-67所示。

图4-67

02 复制"背景"图层，得到"背景拷贝"图层，按Ctrl+T组合键调出变换框，拖动控制点将图像变窄，如图4-68所示。

拖动控制点
调整大小

图4-68

03 新建一个图层，使用"矩形工具" ▣ 绘制黑色矩形，使用"矩形选框工具" ▣ 在矩形上绘制矩形选区，按Delete键删除选区内容，效果如图4-69所示。

图4-69

04 使用"画笔工具" ✎ 绘制载入的"云朵.abr"画笔中的"书法画笔"笔触，如图4-70所示。

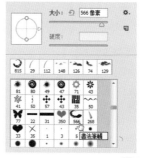 

图4-70

05 设置图层混合模式为"柔光"、"不透明度"为48%，效果如图4-71所示。

图4-71

06 打开附带的"热气球2.png""蝴蝶.png""长颈鹿.png""大树.png""幼苗.png""叶子.png"素材文件，使用"移动工具" ▶╋ 将素材都移动到新建的文档中并调整位置，如图4-72所示。

图4-72

07 选中"树叶"所在的图层，执行菜单"图层|图层样式|投影"命令，打开"图层样式"对话框，勾选"投影"复选框，其中的参数值设置如图4-73所示。

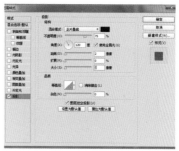

图4-73

08 设置完成后，单击"确定"按钮，效果如图4-74所示。

图4-74

09 执行菜单"图层|图层样式|创建图层"命令，此时会将投影单独作为图层出现在"图层"面板中，如图4-75所示。

图4-75

10 使用"橡皮擦工具" ✐ 擦除阴影的局部，效果如图4-76所示。

图4-76

11 使用"画笔工具" ✐ 绘制载入的"云朵.abr"画笔中的"云彩"笔触，效果如图4-77所示。

图4-77

12 打开附带的"楼群.png""自行车.png""阳光.png"素材文件，使用"移动工具" ⊕ 将素材都移动到新建的文档中并调整位置和大小，根据图像中的阴影来放置阳光的位置，效果如图4-78所示。

图4-78

13 选中"楼群"对应的图层，设置图层混合模式为"明度"、"不透明度"为27%，效果如图4-79所示。

图4-79

14 执行菜单"文件|置入"命令，选择"公益广告文字.ai"文档，将其置入当前文档中，调整大小和位置后，按Enter键完成置入，效果如图4-80所示。

图4-80

15 使用"直排文字工具" IT 输入对应的宣传文本，效果如图4-81所示。

图4-81

⑯ 选择"图层"面板中的最上层,按Ctrl+Shift+Alt+E组合键盖印图层,效果如图4-82所示。

图4-82

⑰ 执行菜单"图像|模式|Lab颜色"命令,将当前模式变为Lab颜色,选择"通道"面板中的"明度"通道,如图4-83所示。

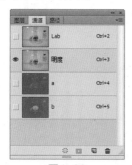

图4-83

⑱ 执行菜单"滤镜|锐化|USM锐化"命令,打开"USM锐化"对话框,其中的参数值设置如图4-84所示。

图4-84

使用"USM锐化"滤镜对模糊图像进行清晰处理时,可根据照片中的图像进行参数设置,近身半身像参数可以比本例的参数设置得小一些,可以设置数量:75%、半径:2像素、阈值:6色阶;若图像为主体柔和的花卉、水果、昆虫、动物,建议设置数量:150%、半径:1像素,"阈值"可根据图像中的杂色分布情况,数值大一些也可以;若图像为线条分明的石头、建筑、机械,建议设置"半径"为3或4像素,同时要将数量值稍微减弱,这样才不会导致像素边缘出现光晕或杂色,阈值则不宜设置太高。

⑲ 设置完成后,单击"确定"按钮,效果如图4-85所示。

图4-85

⑳ 选中复合通道,再执行菜单"图像|模式|RGB颜色"命令,将图像转换为RGB模式,在"图层"面板中设置"不透明度"为50%。至此,本案例制作完成,效果如图4-86所示。

图4-86

中文版Photoshop+Illustrator商业案例项目设计完全解析

05

第 5 章

户外广告设计

本章主要从户外广告的特点、制作要求等方面着手，介绍户外广告设计的相关知识，并通过相应的户外广告案例制作，引导读者理解户外广告制作和设计的一些方法，以此来让读者快速掌握户外广告在设计时的特点与宣传形式。

★★★★
5.1 户外广告设计的概述与应用

户外广告是指在建筑物外表或街道、广场等室外公共场所设立的霓虹灯、广告牌、海报等。户外广告是面向所有的公众，比较难以选择具体目标对象，但是户外广告可以在固定的地点长时间地展示企业的形象及品牌，因而对于提高企业和品牌的知名度是很有效的，户外广告制作是在20世纪90年代末期产生，近两年发展起来的。如今，众多的广告公司越来越关注户外广告的创意、设计效果的实现。各行各业热切希望迅速提升企业形象，传播商业信息，各级政府也希望通过户外广告树立城市形象，美化城市。这些都给户外广告制作提供了巨大的市场机会，也因此提出了更高的要求。

户外广告的主要应用有路牌广告、招贴广告、墙壁广告、海报、条幅、霓虹灯、广告柱以及广告塔灯箱广告、户外液晶广告机等。在户外广告中，路牌、招贴是最为重要的两种形式，影响甚大。设计制作精美的户外广告带成为一个地区的象征，如图5-1所示。

图5-1

图5-1（续）

★★★★ 5.2 户外广告的特点

户外广告设计与其他广告设计相比，更具有特殊性。户外广告没有具体的尺寸规定，可以根据所处的位置以及客户要求来确定具体的尺寸。有时户外广告是用来远观的，尺寸巨大，所以在设计时只需要将文档分辨率设置在72dpi以上即可，只要能保证印刷质量就行。

凡是能在露天或公共场合通过广告表现的形式，同时向许多消费者进行诉求，以达到推销商品这一目的的媒体都可以称为户外广告媒体。户外广告具有到达率高、视觉冲击力强、发布时段长、投入成本低、城市覆盖率高等特点，如图5-2所示。

图5-2

★★★★ 5.3 常见户外广告形式

户外广告种类很多，从空间角度可划分为平面类户外广告和立体类户外广告；从技术含量上可以分为电子类户外广告和非电子类户外广告；从物理形态角度去划分可以分为静止类户外广告和运动类户外广告；从购买形式上还可以分为单一类户外广告和组合类户外广告。

1. 平面类

平面类户外广告包括的种类非常多，其中也囊括电子类、非电子类、静止类以及运动类等，特点是以二维平面的方式进行制作，如图5-3所示。

图5-3

2. 立体类

立体类户外广告就是制作的广告形式是立体的，如图5-4所示。

图5-4

3. 电子类

电子类户外广告包括霓虹灯广告、激光射灯广告、三面电子翻转广告牌、电子翻转灯箱和电子显示屏等，如图5-5所示。

图5-5

图5-5（续）

4. 非电子类

非电子类户外广告包括路牌、商店招牌、条幅以及车站广告、车体广告、充气模型广告和热气球广告等，如图5-6所示。

图5-6

5. 静止类

静止类户外广告包括户外看板、外墙广告、霓虹广告、电话亭广告、报刊亭广告、候车亭广告、单立柱路牌广告、电视墙、LED电子广告看板、广告气球、灯箱广告、公交站台广告、地铁站台广告、机场和车站内广告等，如图5-7所示。

图5-7

6. 运动类

运动类户外广告包括公交车车体广告、公交车车厢内广告、地铁车厢内广告、索道广告、热气球广告、电梯门广告等，如图5-8所示。

图5-8

7. 单一类

单一类户外广告是指在购买户外媒体时单独购买的媒体，例如射灯广告、单立柱广告、霓虹灯广告、场地搭建广告、墙体广告和多面翻转广告牌等，如图5-9所示。

图5-9

8. 组合类

组合类户外广告是指可以按组或套装形式购买的媒体，例如路牌广告、候车亭广告、车身广告、地铁机场和火车站广告等，如图5-10所示。

图5-10

5.4 户外广告设计时的制作要求

由于户外广告针对的目标受众在广告面前停留的时间短暂且快速，可以接受的信息容量有限。而要使受众在短暂的时间内理解并接受户外广告传递的信息，户外广告就必须更强烈地表现出给人提示和强化印象留存的作用。在制作时注重其直观性，充分展现企业和产品的个性化特征。

户外广告的设计定位，是对广告所要宣传的产品、消费对象、企业文化理念做出科学的前期分析，是对消费者的消费需求、消费心理等诸多领域进行探究，是市场营销战略的一部分；广告设计定位也是对产品属性定位的结果，没有准确的定位，就无法形成完备的广告运作整体框架。

在设计上一方面可以讲究质朴、明快、易于辨认和记忆，注重解释功能和诱导功能的发挥；另一方面能够体现创意性，将奇思妙想注入户外广告中，也可以在户外广告中开设有趣的互动功能。如此一来，既达到了广告的目的，又省去了不小的一笔开销。

5.5 户外广告的优缺点对比

户外广告在使用时与其他媒体的优缺点对比如表5-1所示。

表5-1　户外广告的优缺点对比

优点	缺点
（1）具有长期性和反复性 （2）针对地区和消费者的选择性强 （3）时效性强 （4）形式自由 （5）内容简单、传达性强 （6）具有习惯性和强制性 （7）成本相对较低	（1）覆盖面小 （2）效果难以测评

5.6 商业案例——牛奶户外广告

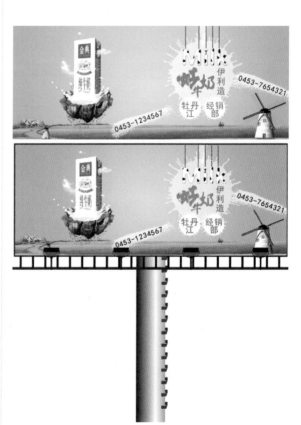

5.6.1　牛奶户外擎天柱广告的设计思路

由于户外广告必须在一瞬间抓住行人的眼球，因此广告中的图像要有极强的视觉冲击力，并且不能过于复杂。

本案例是在路旁擎天柱中发布的一款牛奶广告，是介于路边的户外广告，吸引客户的时间过于短，所有在设计时，一定要把商品本身凸显在广告画面中，作为第一视觉点，必须让商品进入客户的眼中，文字部分要凸显出本商品的功能特点，切记要大、要简，绝对不能过于烦琐，因为客户没有过多的时间去浏览。

5.6.2　配色分析

本案例中的配色根据商品的特点而定，青色作为天空的颜色、绿色代表草原、黑白代表奶牛和牛奶、橙色代表阳光，大面积的青色渐变可以让广告置身于蓝天中，底部的草原可以让浏览者联想到大面积的草原，以此作为产奶的奶牛在无污染的环境中进食优质的草料，升腾的岛屿把主题牛奶高高地升起，使其第一视觉点凸显商品本身。广告中以黑白花作为奶牛字文本，绿色和橙色的文本让浏览者能够清晰地看到本广告表达的意思，底衬以一个半透明的牛奶滴作为与文字的搭配，可以更清晰地表现文字内容，如图5-11所示。

C: 85 M:3 Y:4 K:0 R: 41 G:169 B:199 #29A9C7	C: 65 M:18 Y:99 K:5 R:84 G:138 B:30 #548A1E	C: 11 M:56 Y: 94 K:2 R:222 G:105 B:15 #DE690F
C:0 M:0 Y:0 K:100 R:51 G:44 B:43 #332C2B	C:0 M:0 Y:0 K:0 R:255 G:255 B:255 #FFFFFF	

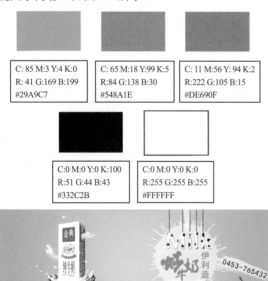

图5-11

5.6.3　构图布局

户外擎天柱广告的特点就是水平放置各个设计元素，按照人们看东西从左向右的习惯，左侧放置了牛奶本身，右侧是宣传的文字，该构图的好处就是水平一条线可以快速浏览到全部内容，如图5-12所示。

图5-12

5.6.4　使用Photoshop制作牛奶户外广告的广告区域

■　制作流程

本案例主要使用"渐变工具"图填充背景色，置入素材并水平翻转，以此来制作背景区域；置入素材调出选区后创建图层蒙版，再通过"画笔工具"编辑图层蒙版来制作出岛屿飞起的效果；创建选区将其移入文档中，再置入素材设置"混合模式"，绘制云彩画笔来制作出商品部分；通过"平滑选区"结合剪贴蒙版制作奶牛字，输入文字并绘制画笔笔触作为底衬来制作文字部分，具体操作流程如图5-13所示。

↓

↓

图5-13

↓

↓

↓

图5-13（续）

- ■ 技术要点

  - ➤ 新建文档填充渐变色；
  - ➤ 置入素材水平翻转；
  - ➤ 置入素材添加图层蒙版；
  - ➤ 使用"画笔工具"编辑蒙版；
  - ➤ 绘制画笔笔触；
  - ➤ 使用"魔术橡皮擦工具"去掉背景；
  - ➤ 创建剪贴蒙版。

- ■ 操作步骤

  背景部分的制作

  01 启动Photoshop CC软件，新建一个对应擎天柱户外广告大小的空白文档，设置"前景色"为淡青色、"背景色"为青色，使用"渐变工具" ▣ 在背景图层中填充从前景色到背景色的

径向渐变，效果如图5-14所示。

图5-14

02 执行菜单"文件|打开"命令或按Ctrl+O组合键，打开附带的"草地"素材文件，使用"移动工具" ▶⊕ 将其拖动到新建文档中，得到"图层1"图层。调整图像大小后，执行菜单"编辑|变换|水平翻转"命令，将图像水平翻转，如图5-15所示。

图5-15

03 此时广告的背景部分制作完成，如图5-16所示。

图5-16

岛屿部分的制作

01 打开附带的"岛.jpg"素材文件，如图5-17所示。

02 使用"移动工具" ▶⊕ 将"岛"素材拖动到新建文档中，按Ctrl+T组合键调出变换框，拖动控制点将图像缩小，效果如图5-18所示。

图5-17

图5-18

03 使用"魔术棒工具" 在白色上单击，创建选区，如图5-19所示。

图5-19

04 按住Alt键单击"添加图层蒙版"按钮 ，将选区部分以黑色蒙版进行遮罩，如图5-20所示。

按Alt键单击

图5-20

05 使用"画笔工具" ，将"前景色"设置为黑色，在岛下面的阴影处进行涂抹，如图5-21所示。

图5-21

06 复制"图层1"图层，得到"图层1拷贝"图层，按Ctrl+T组合键调出变换框，拖动控制点将图像放大，如图5-22所示。

图5-22

07 按Enter键确定。选择蒙版缩览图，将蒙版填充为黑色，如图5-23所示。

图5-23

08 选择"画笔工具" 后，按F5键打开"画笔"面板，设置画笔的笔触，如图5-24所示。

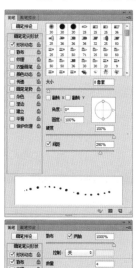

图5-24

09 将"前景色"设置为白色，使用"画笔工具" 随时调整画笔大小，在蒙版中进行绘制涂抹，如图5-25所示。

图5-25

岛屿上商品部分的制作

01 打开附带的"包装牛奶.png"素材文件，使用"多边形套索工具" 在左侧的包装盒上创建一个封闭的选区，如图5-26所示。

图5-26

02 使用"移动工具" 将选区内图像拖动到新建文档中，如图5-27所示。

图5-27

03 打开附带的"奶牛.jpg"素材文件，使用"魔术橡皮擦工具" 在白色背景上单击，去掉背景，再使用"移动工具" 将去掉选区的图像拖动到新建文档中。按Ctrl+T组合键调出变换框，拖动控制点将图像缩小并移动到合适位置，如图5-28所示。

图5-28

04 按Enter键完成变换。在"图层"面板中调整图层顺序，效果如图5-29所示。

图5-29

05 复制"图层4"图层得到一个"图层4拷贝"图层，执行菜单"编辑|变换|水平翻转"命令，将副本进行移动，效果如图5-30所示。

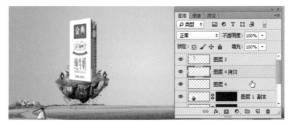

图5-30

06 在"图层4"图层下方新建一个"图层5"图层，使用"画笔工具" 在奶牛应该产生阴影的部分应用黑色画笔，并设置"不透明度"为70%，效果如图5-31所示。

图5-31

07 打开附带的"液体牛奶.jpg"素材文件，在其中的一片牛奶上绘制选区，如图5-32所示。

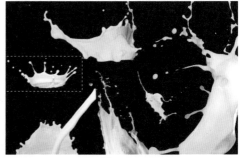

图5-32

08 使用"移动工具"  将选区内的图形拖动到新建文档中,设置图层混合模式为"滤色",效果如图5-33所示。

字体并设置相应大小后,在文档中输入文字,如图5-36所示。

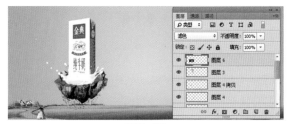
图5-33

09 新建一个图层,使用"画笔工具"  选择云彩笔触后,在牛奶包装盒上绘制云彩,效果如图5-34所示。

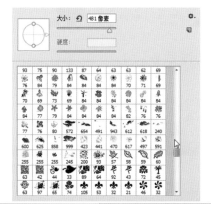

图5-34

10 至此,岛屿上面的商品部分制作完成,效果如图5-35所示。

图5-35

文字区域的制作

01 使用"横排文字工具"  选择自己喜欢的文字

图5-36

02 执行菜单"选择|载入选区"命令,打开"载入选区"对话框,设置如图5-37所示。

图5-37

03 设置完成后,单击"确定"按钮,调出文字选区。再执行菜单"选择|修改|平滑"命令,在打开的"平滑选区"对话框中设置"取样半径"为30像素,如图5-38所示。

图5-38

04 将文字图层隐藏,新建一个图层并将选区填充为白色,如图5-39所示。

图5-39

05 按Ctrl+D组合键取消选区，执行菜单"图层|图层样式|斜面和浮雕"命令，打开"图层样式"对话框，勾选"斜面和浮雕"复选框，其中的参数值设置如图5-40所示。

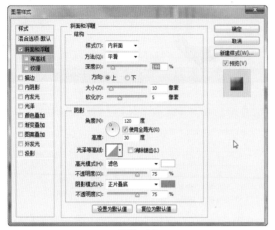

图5-40

06 勾选"内发光"复选框，其中的参数值设置如图5-41所示。

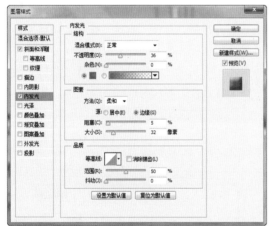

图5-41

07 设置完成后，单击"确定"按钮，效果如图5-42所示。

图5-42

08 新建一个图层，使用"画笔工具" [图标] 并按F5键打开"画笔"面板，设置参数后，在图像中绘制黑色画笔笔触，如图5-43所示。

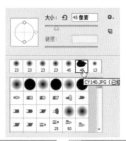

图5-43

09 画笔绘制完成后，执行菜单"图层|创建剪贴蒙版"命令，为"图层9"图层中的图像创建剪贴蒙版，效果如图5-44所示。

图5-44

10 在文字的下层新建一个图层，使用"画笔工具" [图标] 绘制一个画笔笔触，并在"图层"面板中设置"不透明度"为64%，效果如图5-45所示。

图5-45

图5-45（续）

⑪ 复制笔触所在的图层，按Ctrl+T组合键调出变换框，拖动控制点将其进行缩小，按Enter键完成变换，效果如图5-46所示。

图5-46

⑫ 再复制两个副本，将其缩小后设置"不透明度"为100%，效果如图5-47所示。

图5-47

⑬ 打开附带的"铁链"素材文件，使用"移动工具"将素材拖动到新建的文档中，复制素材并将其进行加长，效果如图5-48所示。

图5-48

⑭ 在奶牛字下方输入文字并进行字体大小调整，效果如图5-49所示。

图5-49

⑮ 选中绿色文字，执行菜单"图层|图层样式|投影"命令，打开"图层样式"对话框，勾选"投影"复选框，其中的参数值设置如图5-50所示。

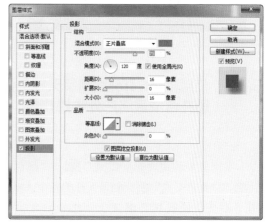

图5-50

⑯ 设置完成后，单击"确定"按钮，效果如图5-51所示。

图5-51

⑰ 新建一个图层，使用"画笔工具"绘制两个毛笔笔触，在"图层"面板中设置"不透明度"为73%，效果如图5-52所示。

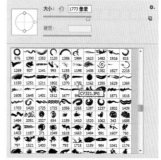

图5-52

⑱ 在毛笔笔触上输入文字。至此，本案例制作完成，效果如图5-53所示。

图5-53

5.6.5 使用Illustrator绘制擎天柱矢量图并合成最终户外牛奶广告

■ 制作流程

本案例主要利用"矩形工具" 、"椭圆工具" 和"钢笔工具" 绘制擎天柱的各个区域，使用"渐变"面板填充渐变色，组合对象后填充，按顺序完成户外擎天柱广告的制作，具体操作流程如图5-54所示。

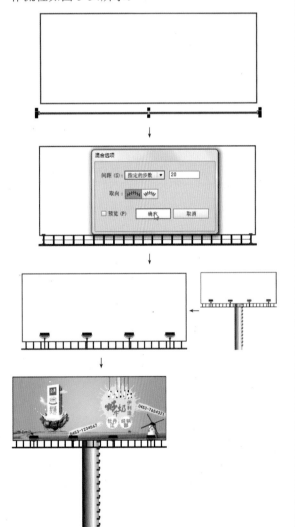

图5-54

■ 技术要点

> 绘制矩形；
> 组合对象；
> 应用"混合工具"制作混合效果；
> 改变顺序；
> 置入素材。

■ 操作步骤

广告版面区制作

01 启动Illustrator CC软件，新建一个空白文档。使用"矩形工具" 绘制一个与Photoshop制作的擎天柱户外广告成比例的矩形，设置"描边宽度"为7pt，如图5-55所示。

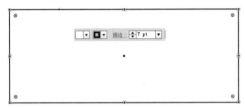

图5-55

02 使用"矩形工具" 在矩形下面绘制一个灰色矩形，效果如图5-56所示。

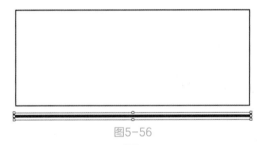

图5-56

03 使用"矩形工具" 绘制一个垂直的灰色矩形，复制一个副本移动到右侧，效果如图5-57所示。

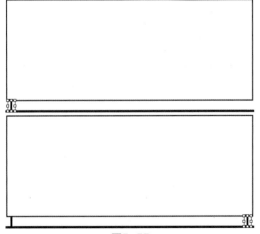

图5-57

04 使用"混合工具" 🔲 在两个垂直矩形上拖动，为其创建调和。执行菜单"对象|混合|混合选项"命令，打开"混合选项"面板，设置"间距"为"指定的步数"、"步数"为20、"取向"为"对齐页面"，设置完成后，单击"确定"按钮。此时广告版面区制作完成，效果如图5-58所示。

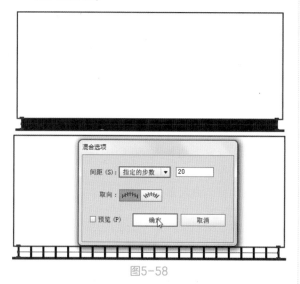

图5-58

▶ 温馨提示

在工具箱中双击"混合工具" 🔲 图标，同样会打开"混合选项"面板。

射灯的绘制

01 使用"矩形工具" 🔲 绘制射灯的连接杆矩形，效果如图5-59所示。

图5-59

02 使用"钢笔工具" 🔲 绘制灯头连接的曲线框架，如图5-60所示。

图5-60

03 使用"椭圆工具" 🔲 绘制灰色椭圆，将其作为灯头的底部，如图5-61所示。

图5-61

04 使用"矩形工具" 🔲 绘制黑色矩形，作为射灯的灯头框，如图5-62所示。

图5-62

05 框选射灯，按Ctrl+G组合键将其群组为一个整体，然后复制3个副本，水平移动到合适的位置。至此，射灯制作完成，效果如图5-63所示。

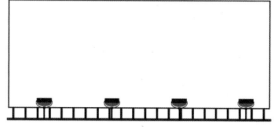

图5-63

擎天柱立柱的制作

01 使用"矩形工具" 🔲 绘制一个垂直矩形，在"渐变"面板中设置"类型"为"线性"，设置渐变为灰色-白色-灰色，如图5-64所示。

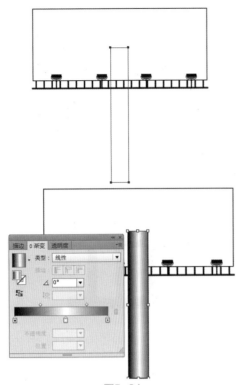

图5-64

02 去掉渐变矩形的轮廓后，使用"矩形工具"□结合"钢笔工具"☑绘制立柱上的爬梯，如图5-65所示。

图5-65

03 去掉爬梯的轮廓，框选整个爬梯，按Ctrl+G组合键将其群组为一个整体，垂直复制一个副本，效果如图5-66所示。

图5-66

04 使用"混合工具"☑在两个爬梯上拖动，为其创建调和。双击"混合工具"☑，在"混合选项"面板中设置"间距"为"指定的步数"、

"步数"为12、"取向"为"对齐页面"，设置完成后，单击"确定"按钮。此时爬梯制作完成，效果如图5-67所示。

图5-67

05 框选渐变矩形和爬梯，按Ctrl+G组合键将其群组为一个整体，按Shift+Ctrl+[组合键将其放置到最底层。此时擎天柱立柱制作完成，效果如图5-68所示。

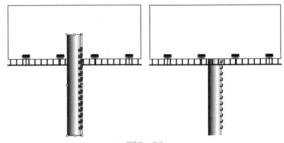

图5-68

合成擎天柱广告

01 导入之前使用Photoshop制作的牛奶户外广告，如图5-69所示。

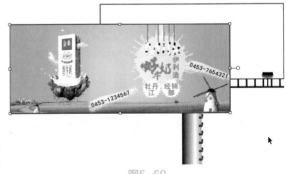

图5-69

02 执行菜单"对象|排列|后移一层"命令或按Ctrl+[组合键，将广告区域调整到射灯后面，如图5-70所示。

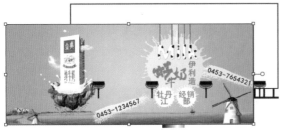

图5-70

03 移动图像到合适的位置，调整大小以适应后面的矩形。至此，本案例的牛奶户外广告制作完成，效果如图5-71所示。

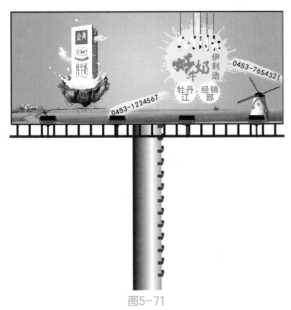

图5-71

5.7 商业案例——车站房产户外广告

5.7.1 车站房产户外广告的设计思路

本案例制作的是火车站广告牌上的售房广告，既然是要放置到火车站内广告牌处的广告，在设计时就要根据此类广告特点进行设计，等火车一般时间较长，所以在添加广告视觉方面一定要将广告体现的内容凸显出来，文本区域也可以做得较详细，画面中的圆形在整个画面中起到的作用就是让静态画面拥有层次感，整体的界面要简洁、大气并且要能凸显房产的特点，这在设计时就要考虑此类房产针对的目标人群而进行相应的设计。

画面中的商品虽然是房屋，但对于想要拥有它的人来说就是要体现出家的感觉，画面中的楼房是小区效果图，单从画面就能看出此楼盘是高层住宅，非常适合刚到本地打拼并想要安家的人群。

5.7.2 配色分析

本案例中的商品是房产，所以要体现出它的家的感觉，在配色上采用了白色作为背景色，搭配的蓝天、白云和房屋，让人可以跟随视觉走进画面中。白色背景可以与任何的颜色进行搭配而不会产生违和感，其中的青色和橙色是与标志的配色相匹配的，如图5-72所示。

C:50 M:100 Y:85 K:30
R:124 G:19 B:49
#7C1331

C: 26 M:45 Y:64 K:0
R:199 G:153 B:103
#C79967

C:0 M:0 Y:0 K:100
R:51 G:44 B:43
#332C2B

C:0 M:0 Y:0 K:0
R:255 G:255 B:255
#FFFFFF

5.7.4 使用Photoshop制作车站户外楼盘横版广告

■ 制作流程

　　本案例主要置入素材去色并复制图层，再将其进行反相处理，以此制作素描图像；绘制正圆形添加"内发光"图层样式，置入素材创建剪贴蒙版，通过"画笔工具" 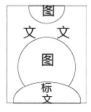绘制云彩笔触；输入文字并调整大小，设置文字颜色和字体，具体操作流程如图 5-74所示。

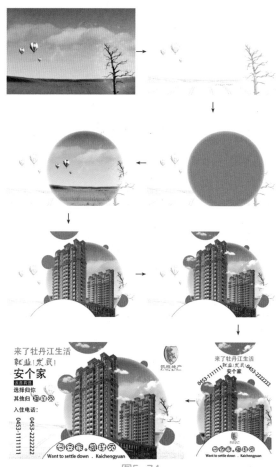

图5-74

■ 技术要点

　　➢ 置入素材；

　　➢ 应用"去色"命令；

　　➢ 复制图层应用"反相"命令；

　　➢ 设置图层混合模式为"颜色减淡"；

　　➢ 绘制正圆形；

　　➢ 添加"内发光"图层样式；

　　➢ 画笔绘制云彩笔触；

　　➢ 输入文字。

图5-72

5.7.3 构图布局

　　本广告以水平和垂直的方式搭配，都是以文本、人物、商品来区分整个画面，如图5-73所示。

图5-73

■ 操作步骤

背景的制作

01 启动Photoshop CC软件，新建一个公交站牌广告对应尺寸的横排空白文档。打开附带的"田野.jpg"素材文件，使用"移动工具" 📥 将其拖动到新建文档中，如图5-75所示。

图5-75

02 执行菜单"图像|调整|去色"命令或按Shift+Ctrl+U组合键，将图像去掉颜色，如图5-76所示。

图5-76

03 按Ctrl+J组合键复制"图层1"图层，得到一个"图层1拷贝"图层，执行菜单"图像|调整|反相"命令或按Ctrl+I组合键，效果如图5-77所示。

图5-77

04 在"图层"面板中，设置图层混合模式为"颜色减淡"，如图5-78所示。

图5-78

05 执行菜单"滤镜|其他|最小值"命令，打开"最小值"对话框，其中的参数值设置如图5-79所示。

图5-79

06 设置完成后，单击"确定"按钮，效果如图5-80所示。

图5-80

07 新建一个图层，将其填充为白色，设置"不透明度"为49%。至此，背景部分制作完成，效果如图5-81所示。

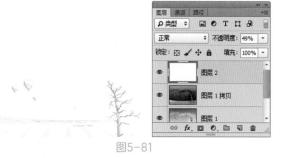
图5-81

图像区域的制作

01 新建一个图层，使用"椭圆工具" 〇 绘制一个青色正圆形，效果如图5-82所示。

图5-82

02 执行菜单"图层|图层样式|内发光"命令，打开"图层样式"对话框，勾选"内发光"复选框，其中的参数值设置如图5-83所示。

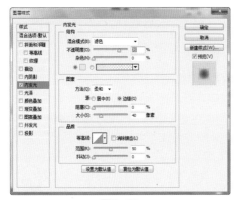

图5-83

03 设置完成后，单击"确定"按钮，效果如图5-84所示。

图5-84

04 再次将"田野"素材拖动到新建文档中，调整大小和位置后，执行菜单"图层|创建剪贴蒙版"命令，效果如图5-85所示。

图5-85

05 在大正圆形图层的上面和下面分别新建图层，使用"椭圆工具" 分别绘制青色和橙色的正圆形，效果如图5-86所示。

图5-86

06 打开附带的"楼盘"素材文件，使用"魔术橡皮擦工具" 在背景上单击，去掉背景，效果如图5-87所示。

图5-87

07 使用"多边形套索工具" 选取楼房，再使用"移动工具" 将其拖动到新建文档中并调整大小和位置，效果如图5-88所示。

图5-88

08 新建一个图层，使用"椭圆工具" 绘制一个白色正圆形，效果如图5-89所示。

图5-89

09 执行菜单"图层|图层样式|描边"命令，打开
"图层样式"对话框，勾选"描边"复选框，
其中的参数值设置如图5-90所示。

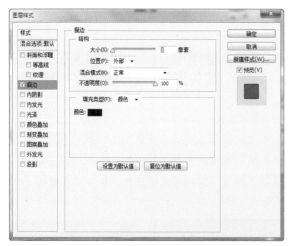

图5-90

10 设置完成后，单击"确定"按钮，效果如
图5-91所示。

图5-91

11 新建一个图层，使用"画笔工具" ✐选择云彩
笔触，在页面中绘制云彩，此时图像区域制作
完成，效果如图5-92所示。

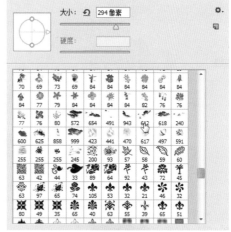

图5-92

文字区域的制作

01 新建一个图层，使用"矩形工具" □在文档的
左侧绘制一个黑色矩形，如图5-93所示。

图5-93

02 使用"横排文字工具" T在黑色矩形上输入文
字，再在其他位置输入合适的文字，调整文字
大小和字体，然后调整文字的颜色，做出对比
效果，如图5-94所示。

图5-94

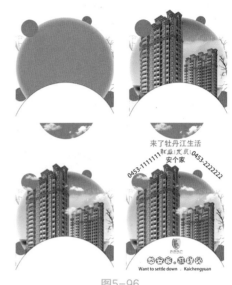

图5-96

03 打开附带的"地产广告Logo.jpg"素材文件，将素材拖动到新建文档中。至此，本案例制作完成，效果如图5-95所示。

5.7.5 使用Illustrator绘制火车站内站牌矢量图并合成最终户外广告

■ 制作流程

本案例主要利用"矩形工具" □ 绘制矩形，创建扩展后填充渐变色，再绘制一个矩形调整透视，使用"渐变"面板填充渐变色，具体流程如图 5-97所示。

图5-95

04 使用同样的方法制作出车站户外楼盘竖版广告，效果如图5-96所示。

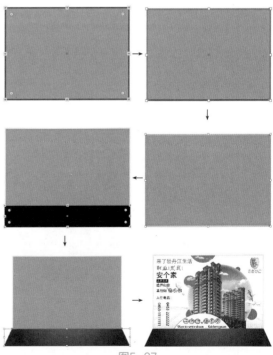

图5-97

图5-97（续）

- 技术要点

  ➢ 使用"矩形工具"绘制矩形；

  ➢ 创建扩展；

  ➢ 取消编组；

  ➢ 填充渐变色；

  ➢ 透视变换。

- 操作步骤

01 启动Illustrator CC软件，新建一个空白文档。使用"矩形工具"  根据车站房产户外广告的大小绘制等比例的矩形，设置"描边宽度"为5pt，效果如图5-98所示。

图5-98

02 执行菜单"对象|扩展"命令，打开"扩展"对话框，设置参数后单击"确定"按钮，效果如图5-99所示。

图5-99

03 执行菜单"对象|取消群组"命令或按Shift+Ctrl+G组合键，将对象进行拆分，选择外边的边框，在"渐变"面板中进行渐变填充，效果如图5-100所示。

图5-100

04 执行菜单"效果|风格化|投影"命令，打开"投影"对话框，其中的参数值设置如图5-101所示。

图5-101

05 设置完成后，单击"确定"按钮，效果如图5-102所示。

图5-102

06 使用"矩形工具"  在矩形下面绘制一个黑色矩形，如图5-103所示。

图5-103

07 使用"自由变换工具" 选择其中的透视变换,拖动控制点将矩形进行透视处理,效果如图5-104所示。

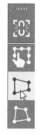

图5-104

08 在"渐变"面板中进行渐变填充,效果如图5-105所示。

图5-105

09 复制一个副本,将其调整得窄一点,效果如图5-106所示。

图5-106

10 将之前使用Photoshop制作的横版和竖版图像置入进来,分别调整大小和位置。至此,本案例制作完成,效果如图5-107所示。

图5-107

5.7.6 使用Photoshop制作车站户外楼盘广告效果

■ 制作流程

本案例主要通过"渐变工具" 填充渐变色,绘制矩形后应用"高斯模糊"命令并改变图层顺序,将图像进行透视调整。使用"多边形套索工具" 绘制选区填充渐变色,复制选区内容进行垂直翻转并对其进行扭曲变换,最后通过"渐变工具" 编辑图层蒙版,具体操作流程如图5-108所示。

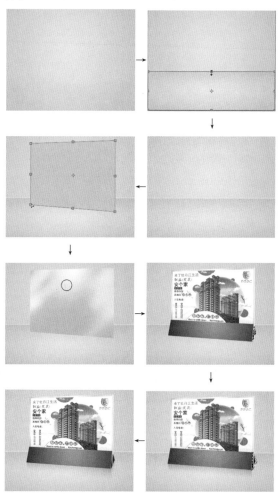

图5-108

■ 技术要点

➤ 新建文档并填充渐变色;

➤ 变换图像;

➤ 绘制矩形并应用"高斯模糊"滤镜;

➤ 使用"减淡工具"进行"局部减淡";

➤ 扭曲变换图像;

> 添加图层蒙版；
>
> 渐变填充编辑图层蒙版。

■ 操作步骤

背景的制作

01 启动Photoshop CC软件，新建一个空白文档。将"前景色"设置为淡灰色，将"背景色"设置为"灰色"，使用"渐变工具"▣为其填充径向渐变色，效果如图5-109所示。

图5-109

02 按Ctrl+J组合键复制"背景"图层，按Ctrl+T组合键调出变换框，拖动控制点将其进行变换，效果如图5-110所示。

图5-110

03 新建一个图层，使用"矩形工具"▣绘制一个灰色矩形，效果如图5-111所示。

图5-111

04 执行菜单"滤镜|模糊|高斯模糊"命令，打开"高斯模糊"对话框，其中的参数值设置如图5-112所示。

图5-112

05 设置完成后，单击"确定"按钮，效果如图5-113所示。

图5-113

06 打开"图层"面板，改变图层顺序。至此，背景部分制作完成，效果如图5-114所示。

图5-114

图形制作

01 新建一个图层组，在组内新建一个图层，使用"矩形选框工具"▣绘制一个矩形选区，效果如图5-115所示。

图5-115

02 按Ctrl+D组合键取消选区，按Ctrl+T组合键调出变换框，按住Ctrl键拖动控制点将其进行变换，效果如图5-116所示。

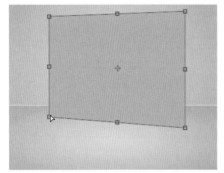

图5-116

03 按Enter键完成变换。使用"减淡工具" <img> 在图形上进行涂抹，将其进行局部减淡，效果如图5-117所示。

图5-117

04 打开之前制作的横幅广告，执行菜单"图层|拼合图像"命令，再将合并后的图像移动到新建文档中。按Ctrl+T组合键调出变换框，按住Ctrl键拖动控制点将其进行变换，效果如图5-118所示。

图5-118

05 按Enter键完成变换。使用"多边形套索工具" <img> 绘制选区并将其填充淡灰色，按Ctrl+D组合键取消选区，效果如图5-119所示。

图5-119

06 新建一个图层，使用"多边形套索工具" <img> 绘制选区，使用"渐变工具" <img> 将其填充渐变色，效果如图5-120所示。

图5-120

07 按Ctrl+D组合键取消选区。新建一个图层，使用"多边形套索工具" <img> 绘制三角形选区，将其填充黑色，效果如图5-121所示。

图5-121

08 按Ctrl+D组合键取消选区。新建一个图层，使用"多边形套索工具"  绘制选区，将其填充淡灰色，效果如图5-122所示。

图5-122

09 按Ctrl+D组合键取消选区。至此，图形部分制作完成，效果如图5-123所示。

图5-125

图5-123

03 执行菜单"编辑|变换|垂直翻转"命令，将图像进行垂直翻转，效果如图5-126所示。

倒影制作

01 复制"组1"，按Ctrl+E组合键将其合并为一个图层，如图5-124所示。

图5-126

04 执行菜单"编辑|变换|扭曲"命令，调出扭曲变换框，拖动控制点调整图像，效果如图5-127所示。

图5-124

02 使用"多边形套索工具"  在合并图像底部绘制选区，按Ctrl+J组合键将选区内的图像复制到新图层中，效果如图5-125所示。

图5-127

05 按Enter键完成变换。执行菜单"图层|图层蒙版|显示全部"命令，使用"渐变工具" ▣进行黑白渐变编辑蒙版，效果如图5-128所示。

图5-128

06 选中"组1拷贝"，使用"多边形套索工具" ▷在合并图像右下角处绘制三角形选区，按Ctrl+J组合键将选区内的图像复制到新图层中，效果如图5-129所示。

图5-129

07 执行菜单"编辑|变换|垂直翻转"命令，将图像进行垂直翻转，效果如图5-130所示。

图5-130

08 执行菜单"编辑|变换|扭曲"命令，调出扭曲变换框，拖动控制点调整图像，效果如图5-131所示。

图5-131

09 按Enter键完成变换。执行菜单"图层|图层蒙版|显示全部"命令，使用"渐变工具" ▣进行黑

白渐变编辑蒙版。至此，本案例制作完成，效果如图5-132所示。

图5-132

★★★★ 5.8 优秀作品欣赏

第5章 户外广告设计

113

06

第 6 章

报纸广告设计

中文版Photoshop+Illustrator商业案例项目设计完全解析

本章重点：

- 报纸广告设计的概述与应用
- 报纸广告的分类
- 报纸广告设计时的客户需求
- 报纸广告的优势与劣势
- 商业案例——健身宣传报纸广告
- 商业案例——紫砂壶报纸广告
- 优秀作品欣赏

本章主要从报纸广告的客户需求、优势与劣势等方面着手，介绍报纸广告设计的相关基础知识，并通过相应的制作案例，引导读者理解报纸广告的应用以及制作方法，使读者能够快速掌握报纸广告的目的和报纸广告的设计方法等内容。

6.1 报纸广告设计的概述与应用

报纸广告（newspaper advertising）是指刊登在报纸上的广告。它的优点是读者稳定，传播覆盖面大，时效性强，特别是日报，可将广告及时登出，并马上送抵读者，可信度高，制作简单、灵活。缺点主要是读者很少传阅，表现力差，多数报纸表现色彩简单，刊登形象化的广告效果差。

报纸广告设计的主要元素包括企业标志、企业简称和全称、辅助图形、标准色、代理商或经销商地址、电话、广告语、广告内文等。在设计应用时，企业标志、企业简称和全称、辅助图形、标准色要以基础元素为标准，空出较大的版面作为每次不同广告宣传主题展示的位置，广告标语字体通常要进行设计，使主题更加突出，广告内文采用的字体要使用公司常用印刷字体，不能随意使用字体，如图6-1所示。

图6-1

图6-1（续）

★★★★ 6.2 报纸广告的分类

报纸广告在投放到报纸上时根据区域以及尺寸大小等特点，可以为其进行详细的位置划分，这里对它们进行简单的介绍。

1. 报花广告

这类广告版面很小，形式特殊，不具备广阔的创意空间。文案只能做重点式表现，报纸广告突出品牌或企业名称、电话、地址及企业赞助之类的内容。不体现文案结构的全部，一般采用一种陈述性的表述。报花广告大小如邮票一般大。20世纪90年代开始，许多报社为增收，把报花改成广告内容，故称报花广告。

2. 报眼广告

报眼，即横排版报纸报头一侧的版面。版面面积不大，但位置十分显著、重要，引人注目。如果是新闻版，多用来刊登简短而重要的消息，或内容提要。这个位置用来刊登广告，显然比其他版面广

告的注意值要高，并会自然地体现出权威性、新闻性、时效性与可信度。

3. 半通栏广告

半通栏广告一般分为大小两种类型，即约50mm×350mm或约32.5mm×235mm。由于这类广告版面较小，而且众多广告排列在一起，互相干扰，广告效果容易互相削弱。因此，如何使广告做得超凡脱俗，新颖独特，使之从众多广告中脱颖而出，跳入读者视线，是应特别注意的。

4. 单通栏广告

单通栏广告也有两种类型，即约100mm×350mm或65mm×235mm，是广告中最常见的一种版面，符合人们的正常视觉；因此，版面自身有一定的说服力。

5. 双通栏广告

双通栏广告一般有两种类型，即约200mm×350mm，或130mm×235mm。在版面面积上，它是单通栏广告的两倍。凡适于报纸广告的结构类型、表现形式和语言风格都可以在这里运用。

6. 半版广告

半版广告一般有两种类型，即约250mm×350mm和170mm×235mm。半版与整版和跨版广告，均被称为大版面广告，是广告主雄厚的经济实力的体现。

7. 整版广告

整版广告一般有两种类型，即500mm×350mm，或340mm×235mm。整版广告是我国单版广告中最大的版面，给人以视野开阔、气势恢宏的感觉。

8. 跨版广告

跨版广告是指一个广告作品，刊登在两个或两个以上的报纸版面上。一般有整版跨板、半版跨板、1/4版跨版等几种形式。跨版广告很能体现企业的大气魄、厚基础和经济实力，是大企业所乐于采用的。

★★★★ 6.3 报纸广告设计时的客户需求

报纸广告设计时客户需求主要是指根据目标人群来制作适合这部分人群的报纸广告。要根据人群

的特点制作报纸广告，具体说明如下。

1. 针对老年人的设计

老人常常是捧着一篇报纸事无巨细看一天。这样就要求广告信息量巨大，最好是从产品的古老故事到当今的发展，从病因的产生到今后的恶化，从中医理论到现代科技，都撰写一套面面俱到的文案，把产品说透。

2. 针对女人的设计

广告文案内容一定要跟"美丽、苗条、浪漫"等挂钩。在报纸广告上要求讲究设计创意，具体来说就是"花哨"越多越好。常见到的例子的共性就是充分利用广告版面的每一个角落精心设计，字体多种多样，姑且不看文案，光看设计就知道花费心思了。

3. 针对孩子的设计

针对孩子的报纸广告主要的浏览者是家长，像补钙、增高等的产品，都是利用家长关心度和盲目性而制作的。广告中一定要把功能性和降低伤害度体现出来。

4. 针对男士的设计

针对男士的广告，首先应该在内容上吸引住买家的眼球，大致可以在品质、详情以及价格等方面上做足功夫。男人在购物时大多不喜欢讲价，因此，设计此类广告时，质量最好有保证、价格最好明码实价，不要含什么水分。针对男性的商品，难道购买群一定就是男士吗？有数据显示，有40%左右的男士用品购买人群是女性群体。

5. 针对风格的设计

这里说的风格定位，可以说是目标客户群的风格定位，或是产品本身的风格定位。现在，对于女装类目前已经出现40多种风格的细分流派，而主流的服装风格也有十几种，例如常见的民族、欧美、百搭、韩版、田园、学院、朋克、街头、简约、淑女等。

为什么要对目标客户群进行这么精准的定位呢？通过对客户群的定位，我们可以详细地了解客户群的心理需求，这样就可以通过努力满足客户的需求。只有顾客满意了，我们所做的广告才是真的有用了。

6.4 报纸广告的优势与劣势

报纸广告也不全都是优点，对比其他媒体而言也是有缺点的，具体对比如表6-1所示。

表6-1　报纸广告的优劣势

优点	缺点
（1）覆盖面广，发行量大	（1）有效时间短
（2）读者广泛而稳定	（2）阅读注意度低
（3）具有特殊的版面空间	（3）印刷不够精致
（4）阅读方式灵活，易于保存	（4）使用寿命短
（5）选择性强，时效性强， 　　　文字表现力强	（5）感染力差
（6）传播范围广	
（7）传播速度快	
（8）传播信息详尽	
（9）行业选择灵活	
（10）费用相对较低	

6.5 商业案例——健身宣传报纸广告

6.5.1 健身宣传报纸广告的设计思路

报纸上的广告设计大致可以分为实物类型和创意类型两种。本案例是在报纸中发布的一款健身宣传广告，针对的是需要有氧健身需求的中青年。画面中的模特是刚刚健身后的样子，给人的感觉是青春活力并且激情四射。有些人健身是为了身体更加健康，有些人纯粹是为了运动，而有些人健身就是为了瘦身，让自己的身材看起来更加迷人；对于年轻女性来说，让自己拥有一幅好身材并有马甲线加持，这样在生活和工作中才会更有自信。

本案例是健身宣传广告，所以在设计时一定要凸显出健身所带来好处的画面，让浏览者看到广告时就觉得此健身正是自己所需要的，让客户从心里觉得这个宣传的可信度。在画面中的第一视觉点就是健身后的一名美女，第二视觉点是广告中的文字，此文字以动态的排列形式给人以动感的感觉。其他修饰区域的内容可以让整个画面变得更加丰满。

6.5.2　配色分析

设计时要根据报纸广告的特点，合理地运用各个设计元素，突出广告的视觉冲击力。

本案例中的配色根据案例的特点以背景的蓝色调作为整体的主色，加以橙色、红色、黑色、白色的点缀，让整个作品给人一种冷静并动感十足的感觉。本案例突出的是人物和文字，其他的修饰部分都是为这两点进行辅助的。除了图像自带的色彩外，蓝色、红色、橙色和黑白色都可以在视觉中产生强烈的带入感，如图6-2所示。

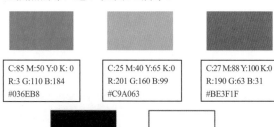

C:85 M:50 Y:0 K: 0
R:3 G:110 B:184
#036EB8

C:25 M:40 Y:65 K:0
R:201 G:160 B:99
#C9A063

C:27 M:88 Y:100 K:0
R:190 G:63 B:31
#BE3F1F

C:0 M:0 Y:0 K:100
R:51 G:44 B:43
#332C2B

C:0 M:0 Y:0 K:0
R:255 G:255 B:255
#FFFFFF

图6-2

6.5.3　构图布局

本案例是按照标准的排版方式从左向右进行构图的，正好也是符合人们看图时的一个习惯，左侧直接摆放人物，以此来突出广告宣传的主体内容，右面使用文字加以编辑修饰，和图像构成一个辅助说明的视觉效果，如图6-3所示。

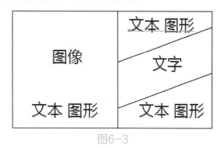
图6-3

6.5.4　使用Photoshop制作健身宣传报纸广告的图像部分

■　制作流程

本案例主要通过"渐变工具" ■ 填充背景色，再通过复制图层并应用"马赛克拼贴"滤镜结合"不透明度"来制作背景部分；置入素材后设置图层混合模式和"不透明度"，结合图层蒙版来进行人物抠图；使用"钢笔工具" ✎ 绘制路径后，设置画笔笔触并对其应用描边路径，具体操作流程如图 6-4所示。

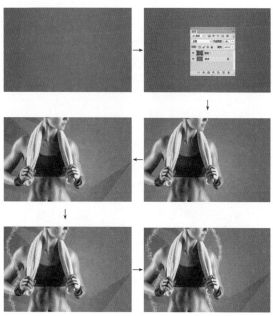
图6-4

■ 技术要点

> 使用"渐变工具"填充渐变色；
> 应用"马赛克拼贴"滤镜；
> 设置"不透明度"；
> 置入素材；
> 设置图层混合模式和"不透明度"；
> 创建选区后创建图层蒙版以此来进行抠图；
> 绘制路径；
> 设置"画笔"面板；
> 应用"使用画笔描边路径"按钮。

■ 操作步骤

01 启动Photoshop CC软件，新建一个235mm×150mm的空白文档。设置"前景色"为#054f8a、"背景色"为#0e3287，使用"渐变工具" 在文档中填充从前景色到背景色的径向渐变，效果如图6-5所示。

图6-5

02 按Ctrl+J组合键复制"背景"图层，得到一个"图层1"图层。执行菜单"滤镜|滤镜库"命令，打开"滤镜库"对话框，选择"纹理"卷展栏中的"马赛克拼贴"滤镜，此时变为"马赛克拼贴"对话框，在右侧设置参数值如图6-6所示。

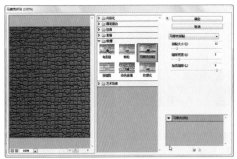

图6-6

03 设置完成后，单击"确定"按钮。在"图层"面板中设置"不透明度"为10%，效果如图6-7所示。

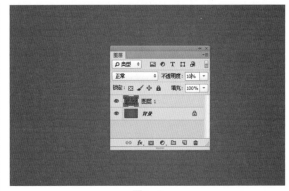

图6-7

04 打开附带的"健身.png"素材文件，使用"移动工具" 将素材拖动到新建文档中并调整大小和位置，设置图层混合模式为"滤色"、"不透明度"为49%，效果如图6-8所示。

图6-8

05 复制"图层2"图层，得到"图层2拷贝"图层，设置图层混合模式为"正常"、"不透明度"为100%，使用"快速选择工具" 在人物区域创建选区，效果如图6-9所示。

图6-9

06 执行菜单"图层|图层蒙版|显示选区"命令，为刚才创建的选区添加图层蒙版，效果如图6-10所示。

图6-10

07 新建一个图层，使用"多边形套索工具" 绘制一个封闭选区，将选区填充为黑色，效果如图6-11所示。

图6-11

08 按Ctrl+D组合键取消选区。在"图层"面板中设置图层混合模式为"饱和度"，效果如图6-12所示。

图6-12

09 使用同样的方法再制作3个图形效果，或者复制图层后将其进行变换处理，此时还会出现一种在彩色图像中局部显示为黑白的效果，如图6-13所示。

图6-13

10 新建一个图层，使用"钢笔工具" 在文档左侧绘制一条路径，如图6-14所示。

图6-14

11 选择"画笔工具" 后，在"画笔拾色器"中选择一个笔触，按F5键打开"画笔"面板，设置其中的各项参数，如图6-15所示。

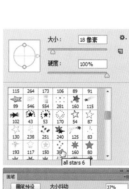

图6-15

12 将"前景色"设置为白色，在"路径"面板中单击"使用画笔描边路径"按钮 ，效果如图6-16所示。

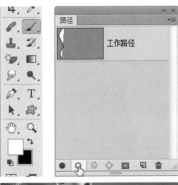

图6-16

径"按钮 ⊙，效果如图6-19所示。

图6-19

13 执行菜单"图层|图层蒙版|显示全部"命令，为图层添加图层蒙版，如图6-17所示。

16 执行菜单"图层|图层蒙版|显示全部"命令，为图层添加图层蒙版，使用"画笔工具" 在手臂处涂抹黑色画笔，再设置图层混合模式为"颜色减淡"，如图6-20所示。

图6-17

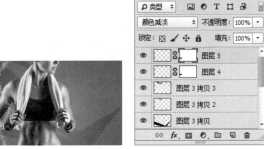

图6-20

14 将"前景色"设置为黑色，使用"画笔工具"在人物胳膊上涂抹圆形画笔，效果如图6-18所示。

17 新建一个图层，使用"钢笔工具" 在文档中间绘制一条路径，如图6-21所示。

图6-21

图6-18

18 使用与制作左侧描边一样的方法，为此路径进行描边，此时图像部分制作完成，效果如图6-22所示。

15 新建一个图层，将"前景色"设置为黄色，选择"画笔工具" 后，根据步骤11来设置画笔，单击"路径"面板中的"使用画笔描边路

图6-22

中文版Photoshop+Illustrator商业案例项目设计完全解析

6.5.5 使用Illustrator制作健身宣传报纸广告文字部分

■ 制作流程

　　本案例主要使用"文字工具" T 输入文字并将其创建轮廓后,再使用"直接选择工具" k 调整文字形状,复制副本并将其缩小,为副本文字添加画笔描边,置入素材将其进行图像描摹,取消群组后移动其中的图形到合适位置,具体操作流程如图6-23所示。

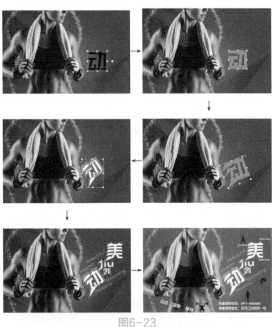

图6-23

■ 技术要点

> 使用"文字工具"输入文字;
> 应用"创建轮廓"命令将文字转换为图形;
> 应用"直接选择工具"调整图形形状;
> 复制文字将其粘贴到前面并将其缩小;
> 使用画笔进行描边;
> 置入素材;
> 对图像进行描摹。

■ 操作步骤

01 启动Illustrator CC软件,新建一个空白文档。执行菜单"文件|置入"命令,选择Photoshop制作的图像区域,再使用"文字工具" T 输入文字"动",如图6-24所示。

图6-24

02 执行菜单"文字|创建"命令或按Ctrl+Shift+O组合键,将文字转换为图形,将文字图形填充为橘色,效果如图6-25所示。

图6-25

03 选择"直接选择工具" k 后,在文档空白处单击,再选择最左下角的一个点,按住鼠标左键进行拖动,效果如图6-26所示。

图6-26

图6-26（续）

04 使用"直接选择工具" ▶ 将文字图形的左边区域进行调整，效果如图6-27所示。

图6-27

05 使用"选择工具" ▶ 将文字图形进行旋转，效果如图6-28所示。

图6-28

06 选中文字图形后，按Ctrl+C组合键将其进行复制，再按Ctrl+F组合键将复制的图形粘贴到前面，拖动控制点将其缩小，效果如图6-29所示。

图6-29

07 选中文字图形，将其填充为白色，执行菜单"窗口|画笔"命令，打开"画笔"面板，单击"分隔线"画笔，在属性栏中设置"描边宽度"为1pt，效果如图6-30所示。

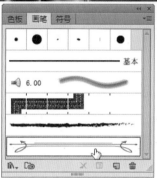

图6-30

08 使用"文字工具" T 输入文字"我"，颜色设置为橘色，按Ctrl+Shift+O组合键，将文字转换为图形，效果如图6-31所示。

图6-31

09 使用"直接选择工具" ▶ 将文字图形进行调整，效果如图6-32所示。

图6-32

10 复制"我"文字图形，得到图层副本后，将其缩小并填充为白色，效果如图6-33所示。

图6-33

11 选中"我"文字图形副本，在"画笔"面板中单击"分隔线"画笔，在属性栏中设置"描边宽度"为0.5pt，效果如图6-34所示。

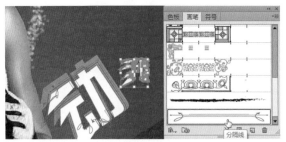

图6-34

12 使用"文字工具" T 输入字母"jiu"，颜色设置为橘色，按Ctrl+Shift+O组合键，将文字转换为图形，效果如图6-35所示。

图6-35

13 使用"直接选择工具" ↳ 将文字图形进行调整，效果如图6-36所示。

图6-36

14 复制"jiu"字母图形，得到图层副本后，将其缩小并填充为白色。在"画笔"面板中单击"分隔线"画笔，在属性栏中设置"描边宽度"为0.5pt，效果如图6-37所示。

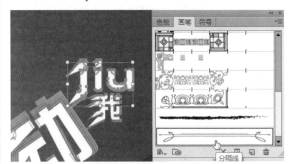

图6-37

15 使用"文字工具" T 输入文字"美"，颜色设置为红色，按Ctrl+Shift+O组合键，将文字转换为图形。使用"直接选择工具" ↳ 将文字图形进行调整，效果如图6-38所示。

图6-38

16 复制"美"文字图形，得到图层副本后，将其缩小并填充为白色。在"画笔"面板中单击"分隔线"画笔，在属性栏中设置"描边宽度"为1pt，效果如图6-39所示。

图6-39

⑰ 在文字周围输入白色英文字母，效果如图6-40
所示。

图6-40

⑱ 选中白色英文字母，在"透明度"面板中设置
"透明度"为37%，效果如图6-41所示。

图6-41

⑲ 使用"直线段工具" ☑在英文字母下面绘制橘
色线条，效果如图6-42所示。

图6-42

⑳ 使用"文字工具" T输入其他的文字，并将其

全部填充为白色，效果如图6-43所示。

图6-43

㉑ 置入附带的"健身剪影"素材文件，如图6-44
所示。

图6-44

㉒ 执行菜单"对象|图像描摹|建立并扩展"命令，
效果如图6-45所示。

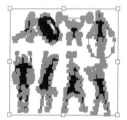

图6-45

㉓ 执行菜单"对象|取消群组"命令，将扩展后的
图形进行拆分，选择白背景将其删除，再选择
其中需要图形，将其拖动到文档中，效果如
图6-46所示。

图6-46

㉔ 使用"矩形工具" ▢在图像上面绘制两个橘色
轮廓。至此，本案例制作完成，效果如图6-47
所示。

图6-47

6.6.1 紫砂壶报纸广告的设计思路

在设计制作紫砂壶广告时首先要选择针对的喝茶人群，而且对喝茶有一定要求的高品位人群，所以在设计时背景部分使用了色彩较浓烈的花纹图案，配上地板上的紫砂壶可以使主题更加凸显，结合变形文字对主题的辅助说明，让客户更容易对本产品产生兴趣。

本案例广告传递出的信息就是用紫砂壶喝茶，对于高品质的喝茶人群，一款好的品茶用具绝对可以引起买家的购买欲望，本广告的目的就是以此来吸引客户的目光并成为会员。

6.6.2 配色分析

设计时要根据品茶针对的人群特点进行配色，因为能够细细品茶的人群大多数是年龄段在中年以上的人群，所以在配色上以浓烈的色彩作为整个画

面的背景，结合文字区域的红、白、黑色，能够让画面更加具有视觉冲击力。

本案例中的配色以浓烈的花色作为背景的主色，加上白色、红色的图形以及文字的修饰，可以让本广告的内容更加突出，具体配色如图6-48所示。

C: 69 M:13 Y:13 K:1
R:79 G:162 B:179
#4FA2B3

C:67 M:17 Y:83 K:4
R:82 G:141 B:57
#528D39

C:0 M:100 Y:100 K:0
R:255 G:0 B:0
#FF0000

C:0 M:0 Y:0 K:100
R:51 G:44 B:43
#332C2B

C:0 M:0 Y:0 K:0
R:255 G:255 B:255
#FFFFFF

图6-48

6.6.3 构图布局

本紫砂壶广告的构图是以垂直的上下方式搭配的，上边是说明辅助区域，包括素材图形和文字的结合，下边是图像主体区域，设计构图符合从上向下的看图习惯，布局中为了增强构图的整体性，文字和图形区域被放置到了一个区域内，如图6-49所示。

图6-49

6.6.4 使用Photoshop制作紫砂壶报纸广告的图像合成部分

■ 制作流程

本案例主要通过"填充"命令进行图案填充，置入素材并设置图层混合模式，使用"钢笔工具"  绘制烟雾外形，通过"高斯模糊"滤镜将其进行模糊处理，绘制矩形，应用"高斯模糊"滤镜并设置图层混合模式，具体操作流程如图6-50所示。

图6-50

■ 技术要点

  ➢ 新建文档进行图案填充；
  ➢ 置入素材并设置图层混合模式为"色相"；
  ➢ 使用"钢笔工具"绘制烟雾外形；
  ➢ 应用"高斯模糊"滤镜；
  ➢ 绘制矩形；
  ➢ 变换图像。

■ 操作步骤：

01 启动Photoshop CC软件，新建一个235mm×340mm的空白文档。执行菜单"编辑|填充"命令，打开"填充"对话框，在"使用"下拉列表框中选择"图案"选项，在"自定图案"拾色器中单击"弹出菜单"按钮 ⚙ ，在弹出的下拉菜单中选择"自然图案"命令，如图6-51所示。

图6-51

02 选择"自然图案"命令后，弹出警告对话框，如图6-52所示。

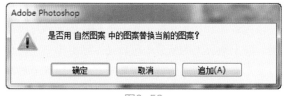

图6-52

▶ 温馨提示

单击"确定"按钮，可以替换之前的图案；单击"取消"按钮，会取消本次操作；单击"追加"按钮，可以将选择的图案添加到之前的图案中。

03 单击"确定"按钮，会用"自然图案"替换之前的图案，选择其中的一个"蓝色雏菊"图案，如图6-53所示。

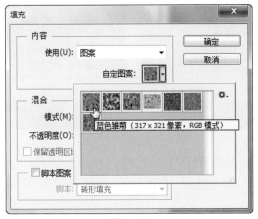

图6-53

04 勾选"脚本图案"复选框，在"脚本"下拉列
表框中选择"螺线"选项，如图6-54所示。

图6-54

05 设置完成后，单击"确定"按钮，效果如
图6-55所示。

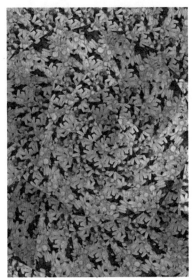

图6-55

06 打开附带的"花.jpg"素材文件，使用"移动工
具" ▶ 将图像拖动到新建文档中，调整大小和
位置。在"图层"面板中设置图层混合模式为

"色相"，效果如图6-56所示。

 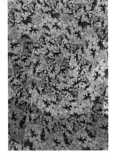

图6-56

07 打开附带的"地板.jpg"素材文件，使用"移动
工具" ▶ 将图像拖动到新建文档中，调整大小
和位置，效果如图6-57所示。

图6-57

08 打开附带的"茶壶.png"素材文件，使用"移
动工具" ▶ 将图像拖动到新建文档中，调整大
小和位置，效果如图6-58所示。

图6-58

09 新建一个图层，使用"钢笔工具" 绘制烟雾的路径，如图6-59所示。

图6-59

10 按Ctrl+Enter组合键将路径转换为选区，将选区填充为白色，如图6-60所示。

图6-60

11 按Ctrl+D组合键取消选区，执行菜单"滤镜|模糊|高斯模糊"命令，打开"高斯模糊"对话框，其中的参数值设置如图6-61所示。

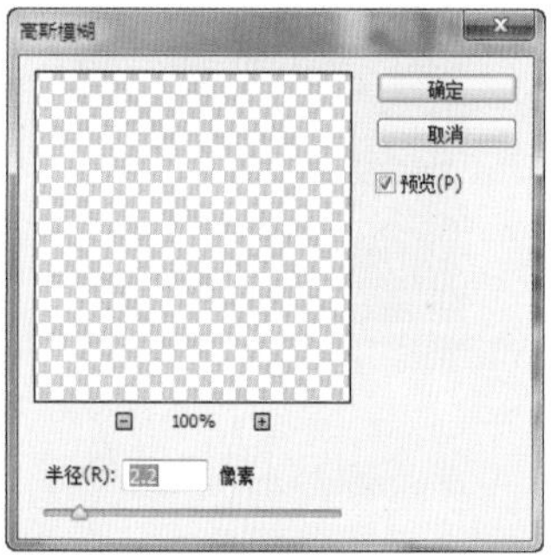

图6-61

12 设置完成后，单击"确定"按钮，效果如图6-62所示。

图6-62

13 复制烟雾所在的图层，将副本变大，效果如图6-63所示。

图6-63

14 打开附带的"叶子1.png"和"叶子2.png"素材文件，使用"移动工具" 将图像拖动到新建文档中，调整大小和位置，效果如图6-64所示。

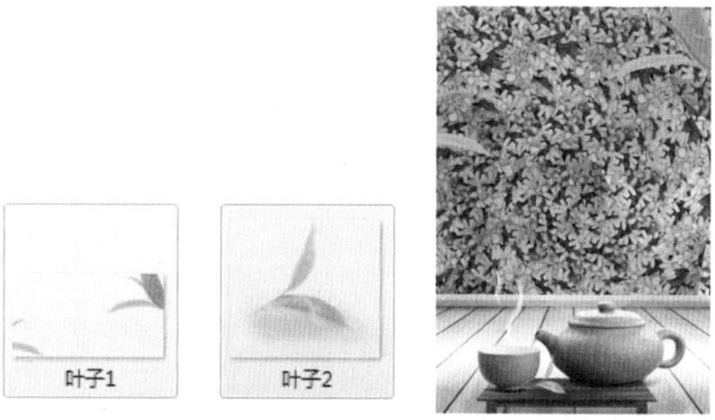

叶子1　　　叶子2

图6-64

15 新建一个图层，使用"矩形工具" 在页面中绘制一个粉色矩形，效果如图6-65所示。

图6-65

16 执行菜单"滤镜|模糊|高斯模糊"命令，打开"高斯模糊"对话框，其中的参数值设置如图6-66所示。

图6-66

17 设置完成后，单击"确定"按钮，效果如图6-67所示。

18 按Ctrl+T组合键调出变换框，按住Ctrl键拖动控制点对图像进行变换，效果如图6-68所示。

图6-67

图6-68

19 按Enter键完成变换。在"图层"面板中设置图层混合模式为"色相"。至此，本案例制作完成，效果如图6-69所示。

图6-69

6.6.5 使用Illustrator制作紫砂壶报纸广告的文字合成部分

■ 制作流程

本案例主要利用"矩形工具" 绘制矩形并通过"直接选择工具" 对矩形进行调整，调整"不透明度"后输入文字并创建轮廓，使用"旋转扭曲工具" 对文字图形进行变形，插入符号并进行扩展后改变颜色，最后输入文字，具体操作流程如图6-70所示。

图6-70

■ 技术要点

➤ 使用"矩形工具"绘制矩形；

> 使用"直接选择工具"调整圆角；

> 设置透明；

> 输入文字并创建轮廓；

> 使用"旋转扭曲工具"对文字图形进行变形；

> 插入符号并进行扩展；

> 改变颜色并调整形状。

■ 操作步骤

01 启动Illustrator CC软件，新建一个空白文档。置入Photoshop制作的图像区域，使用"矩形工具" ▣ 绘制一个白色的矩形，设置"描边"为7pt，效果如图6-71所示。

图6-71

02 使用"直接选择工具" ▣ 按住Shift键的同时选择矩形底部的两个角点，再拖曳圆角控制按钮，将其调整为圆角，效果如图6-72所示。

图6-72

03 使用"选择工具" ▣ 选择矩形后，执行菜单"对象|扩展"命令，打开"扩展"对话框，勾选"填充"和"描边"复选框后，单击"确定"按钮，效果如图6-73所示。

图6-73

04 执行菜单"对象|取消群组"命令或按Ctrl+Shift+G组合键，将填充和外面的描边区域进行拆分，选择中间的背景，将填充区域设置"不透明度"为44%，效果如图6-74所示。

图6-74

05 选择外框的矩形，设置"不透明度"为85%，效果如图6-75所示。

图6-75

06 选择中间的填充区域，复制一个副本将其进行垂直缩放，设置"不透明度"为83%，效果如图6-76所示。

图6-76

07 使用"文字工具" T 输入文字"品",执行菜单"文字|创建轮廓"命令或按Ctrl+Shift+O组合键,将文字转换为图形,如图6-77所示。

图6-77

08 双击工具箱中的"旋转扭曲工具" 图标,打开"旋转扭曲工具选项"对话框,设置参数后,单击"确定"按钮。再将鼠标移动到文字的右下角处按住鼠标左键,将文字图形进行变形,效果如图6-78所示。

图6-78

09 将处理好的文字图形拖动到背景上,效果如图6-79所示。

图6-79

10 输入文字"茶",按Ctrl+Shift+O组合键,将文字转换为图形,效果如图6-80所示。

图6-80

11 双击工具箱中的"旋转扭曲工具" 图标,打开"旋转扭曲工具选项"对话框,设置参数后,使用"旋转扭曲工具" 在"茶"图形上进行旋转扭曲,效果如图6-81所示。

图6-81

12 使用同样的方法输入文字"器",创建轮廓后进行旋转扭曲处理,效果如图6-82所示。

图6-82

⑬ 执行菜单"窗口|符号库|污点矢量包"命令,打开"污点矢量包"面板,选择其中的一个墨点符号将其拖动到文档中,效果如图6-83所示。

图6-83

⑭ 执行菜单"对象|扩展"命令,将符号转换为图形,并将图形填充为红色,效果如图6-84所示。

⑮ 使用"选择工具"[▶]将墨点进行调整,按Ctrl+C组合键进行复制,再按Ctrl+V组合键进行粘贴,复制一个副本,移动位置后进行拉高,效果如图6-85所示。

图6-84

图6-85

⑯ 最后使用"文字工具"[T]输入对应的文字。至此,本案例制作完成,效果如图6-85所示。

图6-86

6.7 优秀作品欣赏

07
第 7 章
杂志广告设计

本章主要从杂志广告的特点、常用类型等方面着手，介绍杂志广告设计的相关应用，并通过相应的案例制作，引导读者理解杂志广告的应用以及制作方法，使读者能够快速掌握杂志广告的设计方法与宣传方式。

Magazine）、行业性杂志（Trade Magazine）、消费者杂志（Consumer Magazine）等。杂志是一种常见的视觉媒介，因而也是一种广告媒介。杂志广告属于印刷广告，在制作杂志广告时，可以利用制作海报广告或报纸广告的一些技巧和方法。杂志广告也有自身的特点，所以制作时也应该考虑针对杂志广告的特点而进行设计，如图7-1所示。

图7-1

7.1 杂志广告设计的概述与应用

杂志广告（Magazine Advertising）是指刊登在杂志上的广告。杂志可分为专业性杂志（Professional

中文版Photoshop+Illustrator商业案例项目设计完全解析

7.2 杂志广告的特点

杂志广告在投放时根据媒体的特点,可以为商品设计出针对相应人群的针对性广告,杂志广告的特点主要体现在以下几点。

1.时效周期长

杂志是除了书以外,具有比报纸和其他印刷品更具持久的可保存性。杂志的长篇文章多,读者不仅阅读仔细,并且往往会重复地进行多次阅读。这样,杂志广告与读者的接触也就多了起来。保存周期长,有利于广告长时间地发挥作用。

2.编辑精细,印刷精美

杂志的编辑精细,印刷精美。杂志的封面、封底常采用彩色印刷,图文并茂。同时,由于杂志应用优良的印刷技术进行印刷,用纸也讲究,一般为高级道林纸,因此,杂志广告具有精良、高级的特色。

3.读者对象划分明确

由于专业性杂志具有固定的读者层面,可以使广告宣传深入某一专业行业。杂志的读者虽然广泛,但也是相对固定的。因此,对特定消费阶层的商品而言,在专业杂志上做广告需具有突出的针对性,适于广告对象的理解力,能产生深入的宣传效果,而很少有广告浪费。

4.发行量大,发行面广

许多杂志具有全国性影响,有的甚至有世界性影响,经常在大范围内发行和销售。运用这一优势,对全国性的商品或服务的广告宣传,杂志广告无疑占有优势。

杂志可利用的篇幅多,没有限制,可供广告主选择,并施展广告设计技巧。

封面、内页及插页都可做广告之用,而且,对广告的位置可机动安排,可以突出广告内容,激发读者的阅读兴趣。

7.3 杂志广告的常用类型

杂志广告的分类非常多,可以根据不同的杂志

媒体来选择广告的投放位置,具体类型如下。

1.折页广告

采取一折、双折、三折等形式扩大杂志一页的面积,以适应某些广告需要占用大面积的要求。

2.跨页广告

这种广告的页面是单页广告所占页面的两倍。它的广告画面是一幅完整的图案,能充分展示广告商品的名称、品牌、功能以及价格等。

3.多页广告

在一本杂志内,连续刊登多页广告,以扩大广告的知名度。

4.插页广告

在杂志内插入可以分开列出的独页广告,使广告更加醒目,增强广告商品的趣味性和传播效果。此外,还有联卷广告、香味广告、立体广告以及有声广告等形式。

7.4 杂志广告设计时的制作要求

在不同杂志中设计与制作广告时,需要遵循以下几点制作要求。

1.文字与图像相辅相成

杂志具有印刷精美,发行周期长,反复阅读,令人回味等特点。因此设计与制作时要发挥杂志广告媒体自身的特点,使广告内容图文并茂。配色要与杂志内容相匹配,以此来吸引读者的注意力。同时,杂志广告中的文案部分要做到精简共存。

2.杂志位置利用合理

位置与尺寸大小是杂志版面的两个重要元素。杂志内各版面的位置一般可以分为封面、封底、封二、封三和扉页等。上述版面顺序,一般按照广告费由多到少,广告效果由大到小的顺序排列。同一版面的广告位置也和报纸一样,根据文案划分,上比下好、大比小好,横排字则左比右好,竖排字则右比左好。

3.情景配合

杂志广告的情景配合与报纸广告的要求大体相同,即同类广告最好集中在一个版面内:内容相反或互相可能产生负面影响的广告安排在不同的版面上,以确保单个杂志广告的效果。

4.采用多种形式

杂志广告的制作要运用多种手段，采用各种形式，使杂志广告的表现形式丰富多彩。

7.5.1 汽车杂志广告的设计思路

杂志广告与报纸广告不同，在客户手中留存的时间比较长，被翻阅的次数也比较多，所以在制作时要尽量精致一些，广告内容要凸显出商品本身的功能等各方面的特点。

本案例是在杂志中发布的一款汽车广告，海边的汽车能够让浏览者体会到悠闲、安逸的感觉。我们在设计时，只要考虑本商品的特色、特点就可以了，为了凸显宽敞的空间，将人物、泳圈等素材都放置在了汽车的周围，让买家能够轻松地带领家人去度假，享受假期和座驾带来的巨大福利。

在画面中文字以透明的大描边效果进行显示，并重新设置的文字的样式及布局，让大家在创意中了解本商品的辅助功能，海边背景给人的感觉就是放松，加上本商品的空间功能，隐喻着可以让买家把自己需要的所有度假物品通通带上，不必担心空间不够。

7.5.2 配色分析

本案例中的配色根据案例的特点以海边天空颜

色作为主色，配色使用橘红色、橘黄色、黑色和白色。整个作品以背景和商品本身的冷色调颜色作为主色，配色时使用暖色调的颜色，设计风格属于反差对比，这样做出来的效果可以更能突出广告要表现的内容和创意结果，如图7-2所示。

C: 0 M:75 Y:100 K:0 R:235 G:97 B:0 #EB6100	C:0 M:35 Y:85 K: 0 R:248 G:182 B:45 #F8B62D	C:0 M:0 Y:0 K:100 R:51 G:44 B:43 #332C2B	C:0 M:0 Y:0 K:0 R:255 G:255 B:255 #FFFFFF

图7-2

7.5.3 构图布局

本案例是按照从左向右的水平构图方式，商品被放置到了最中间的位置，两边是添加的修饰以及文字辅助说明，从中一眼就能看到第一视觉点是商品本身，第二视觉点是起辅助作用的文字部分，如图7-3所示。

图7-3

7.5.4 使用Photoshop制作汽车杂志广告的图像部分

■ 制作流程

本案例主要使用"色相/饱和度"属性面板调整图像颜色，使用"画笔工具" 编辑图层蒙版制作车投影，设置图层混合模式合成图像，添加"图层样式"制作球面和投影，调出选区后填充黑色，再通过变换调整投影，具体操作流程如图 7-4所示。

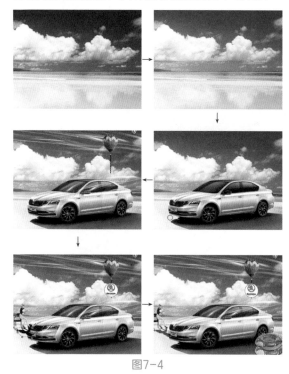

图7-4

■ 技术要点
  ➢ 新建文档并置入素材；
  ➢ 创建"色相/饱和度"调整图层；
  ➢ 添加图层蒙版；
  ➢ 使用"画笔工具"编辑蒙版；
  ➢ 设置图层混合模式为"滤色"；
  ➢ 添加"内发光和投影"图层样式；
  ➢ 调出图层的选区；
  ➢ 变换图像制作阴影；
  ➢ 使用"钢笔工具"创建路径并转换成选区。

■ 操作步骤
  背景与商品的制作

01 启动Photoshop CC软件，新建一个对应杂志相应大小的空白文档。执行菜单"文件|打开"命令或按Ctrl+O组合键，打开附带的"海边.jpg"素材文件，如图7-5所示。

02 使用"移动工具" ▶+将图像拖动到新建文档中，得到"图层1"图层。调整图像大小后，执行菜单"图层|新建调整图层|色相/饱和度"命令，打开"色相/饱和度"属性面板，其中的参数值设置如图7-6所示。

图7-5

图7-6

03 设置参数后会发现背景色已被调整，再打开"明锐汽车.png"素材文件，使用"移动工具" ▶+将图像拖动到新建文档中，效果如图7-7所示。

图7-7

04 单击"图层"面板中的"添加图层蒙版"按钮 ▣，为图层添加一个空白蒙版，使用"画笔工具" ✎涂抹黑色进行蒙版编辑，效果7-8所示。

图7-8

05 打开"光纹理.png"素材文件，将其拖动到新建文档中的汽车上面，设置图层混合模式为"滤色"，效果如图7-9所示。

图7-9

06 按Ctrl+J组合键复制一个光纹理的图层，执行菜单"编辑|变换|水平翻转"命令，再按Ctrl+T组合键调出变换框，拖动控制点调整大小，效果如图7-10所示。

图7-10

07 按Enter键完成变换。至此，背景以及商品部分制作完成，效果如图7-11所示。

图7-11

修饰图像的制作

01 打开"热气球.png"和"铁链.png"素材文件，将其拖动到新建文档中并调整位置和大小，如图7-12所示。

图7-12

02 新建一个图层，使用"椭圆工具" ⬭ 在铁链上面绘制一个橘黄色的正圆形，如图7-13所示。

图7-13

03 打开"车标.png"素材文件，将其拖动到新建文档中的正圆形上面，调整大小和位置，效果如图7-14所示。

图7-14

04 执行菜单"图层|图层样式|内发光"命令，打开"图层样式"对话框，勾选"内发光"复选框，其中的参数值设置如图7-15所示。

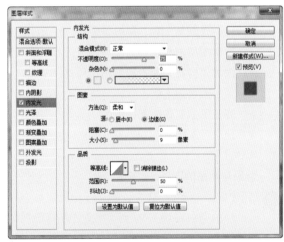

图7-15

▶ **温馨提示**

在Photoshop中除了"斜面和浮雕"图层样式可以制作出立体视觉感来，还可以通过"内发光"图层样式制作一个球面的视觉效果。

05 设置完成后，单击"确定"按钮。在"图层"面板中设置图层混合模式为"溶解"，效果如图7-16所示。

图7-16

06 打开"人物.png"素材文件，将其拖动到新建文档中并调整位置和大小，执行菜单"选择|载入选区"命令，打开"载入选区"对话框，设置参数后单击"确定"按钮，调出人物所在图层的选区，如图7-17所示。

图7-17

07 在"人物"所在图层的下方新建一个图层，将其填充为黑色，如图7-18所示。

图7-18

08 按Ctrl+D组合键取消选区，按Ctrl+T组合键调出变换框，调整变换中心点，按住Ctrl键拖动控制点将图像进行变换，效果如图7-19所示。

图7-19

09 按Enter键完成变换。使用"多边形套索工具" ☑在其中的一条椅子腿投影上创建选区，按Delete键清除选区内容，效果如图7-20所示。

图7-20

10 按Ctrl+D组合键取消选区。使用"多边形套索工具" ☑绘制一条椅子腿投影选区，将"前景色"设置为黑色，按Alt+Delete组合键将其填充前景色，效果如图7-21所示。

图7-21

11 按Ctrl+D组合键取消选区。在"图层"面板中设置"不透明度"为60%，效果如图7-22所示。

图7-22

12 打开"泳圈.jpg"素材文件，使用"钢笔工具" 在其中的一个泳圈上创建路径，按Ctrl+Enter 组合键将路径转换为选区，如图7-23所示。

草莓款　　　　　巧克力款

草莓款　　　　　巧克力款

图7-23

13 使用"移动工具" 将选区内的图像拖动到新 建文档中，效果如图7-24所示。

图7-24

14 执行菜单"图层|图层样式|投影"命令，打开 "图层样式"对话框，勾选"投影"复选框， 其中的参数设置如图7-25所示。

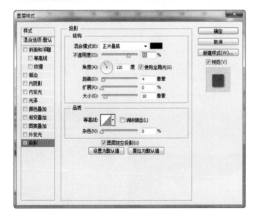

图7-25

15 设置完成后，单击"确定"按钮，效果如 图7-26所示。

图7-26

16 按Ctrl+J组合键复制一个图层，按Ctrl+T组合键 调出变换框，拖动控制点将其缩小，按Enter键 完成变换，效果如图7-27所示。

图7-27

17 单击"创建新的填充或调整图层"按钮 ，在 弹出的下拉菜单中选择"色相/饱和度"命令， 弹出"属性"面板，设置各个参数如图7-28 所示。

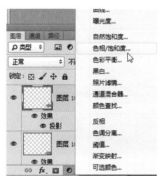

图7-28

18 至此，本案例图像部分制作完成，效果如 图7-29所示。

图7-29

7.5.5 使用Illustrator 制作汽车杂志广告最终效果

■ 制作流程

本案例主要利用"文字工具" T 输入文字并为其创建轮廓，拆分后移动文字图形位置，调整图形形状，设置"描边"宽度和颜色，分别调整"不透明度"，具体操作流程如图 7-30所示。

图7-30

■ 技术要点

➢ 置入素材；

➢ 输入文字；

➢ 创建轮廓；

➢ 使用"直接选择工具"调整形状；

➢ 使用"路径查找器"进行联集处理；

➢ 设置"描边宽度"和"颜色"；

➢ 设置"不透明度"；

➢ 绘制矩形并调整"不透明度"。

■ 操作步骤

01 启动Illustrator CC软件，新建一个空白文档。置入Photoshop制作的图像部分，按Ctrl+2组合键将背景进行锁定，使用"文字工具" T 输入文字，如图7-31所示。

图7-31

02 执行菜单"文字|创建轮廓"命令或按Ctrl+Shift+O组合键，将输入的文字转换为图形，如图7-32所示。

图7-32

03 执行菜单"对象|取消群组"命令或按Ctrl+Shift+G组合键将文本图形进行拆分，再使用"选择工具" ▶ 调整文字图形的位置，效果如图7-33所示。

图7-33

04 使用"直接选择工具" ▷ 选择"新"字图形最左下角的两个角点，将其向下拖动拉长，效果如图7-34所示。

图7-34

05 使用"选择工具" ▶ 双击"明"字图形，进入"复合路径"调整，将其进行左右位置的调整，效果如图7-35所示。

图7-39

⑥ 在空白区域双击返回到文档编辑内容区域，将"锐"字图形移动位置，效果如图7-36所示。

图7-36

⑦ 框选文字图形，执行菜单"窗口|路径查找器"命令，在"路径查找器"面板中单击 "联集"按钮，效果如图7-37所示。

图7-37

⑧ 将"填充"和"描边"的颜色均设置为C：0、M：75、Y：100、K：0，设置"描边宽度"为14pt，效果如图7-38所示。

图7-38

⑨ 设置"不透明度"为50%，效果如图7-39所示。

⑩ 按Ctrl+C组合键进行复制，再按Ctrl+F组合键将其粘贴到前面，将"填充"设置为白色、"描边"设置为"无"，将"不透明度"设置为100%，效果如图7-40所示。

图7-40

⑪ 使用同样的方法制作"爱家"，设置"描边宽度"为9pt，效果如图7-41所示。

图7-41

12 使用同样的方法制作"轿车概念新引领"，设置"描边宽度"为5pt，效果如图7-42所示。

图7-42

13 在文字图形周围输入修饰文字，效果如图7-43所示。

图7-43

14 使用"钢笔工具"绘制一个拐角线条，"描边颜色"设置为C: 0、M:75、Y:100、K:0，设置"描边宽度"为3pt，将"不透明度"设置为50%，效果如图7-44所示。

图7-44

15 使用"矩形工具"在底部绘制一个黑色矩形，效果如图7-45所示。

图7-45

16 设置"不透明度"为44%，效果如图7-46所示。

图7-46

17 使用"文字工具"输入文字，设置文字颜色为白色。至此，本案例制作完成，效果如图7-47所示。

图7-47

★★★★
7.6 商业案例——化妆品杂志广告

7.6.1 化妆品杂志广告的设计思路

在设计制作化妆品广告时首先要选择针对该商品的用户人群，本例针对的是需要使用化妆品来保持肌肤更加白嫩的中青年女性，所以在配色上选择了与商品本身颜色相近的多变绿色，目的是让此化妆品看起来更加青春时尚，设计时将放置的商品与背景、缩小的人物和文字融合在了一起，色彩中除了商品包装瓶的颜色以外，添加的颜色也是与此商品相近的类似色。让浏览者在视觉中更容易产生一种商品已经融入场景中的错觉，让客户更容易接受此商品。

本案例广告传递出的信息就是新上市的一款化妆品，在文本区域通过设计的字体效果，让其与整体的广告更好地融为一体。

7.6.2 配色分析

设计时要根据使用化妆品针对的人群特点进行配色，因为本例选择的是针对女士的一款新换装化妆品，所以在配色上以多变的绿色和商品包装色相搭配，从而体现出此化妆品的青春气息和时尚效果。

本案例中的配色是以绿色为背景的主色，加上绿、黑、白色的文字和修饰，可以让化妆品本身更好地作为广告设计的一种元素，使其更轻松地融入绿色整体中，本例配色根据颜色环的位置应用的是类似色效果，具体配色如图7-48所示。

C:60 M:28 Y:88 K: 0
R:101 G:133 B:44
#65852C

C:0 M:0 Y:0 K:100
R:51 G:44 B:43
#332C2B

C:0 M:0 Y:0 K:0
R:255 G:255 B:255
#FFFFFF

图7-48

7.6.3 构图布局

本案例广告的构图是以垂直的上下方式搭配的，上部是主题文字区域，包括文字和设计字体结合，中间是主题商品和修饰图像，下部是文本和修饰图像，设计构图符合从上向下的看图习惯，布局中为了增强化妆品的图像感，将商品本身放大与人物缩小进行相应的对比编辑，可以更容易体现出商品在整个广告中的主体地位，如图7-49所示。

文字与新设计字体

商品本身与修饰图像

文字与修饰图像

图7-49

7.6.4 使用Photoshop制作化妆品杂志广告的图像合成部分

■ 制作流程

本案例主要在新建的文档中填充渐变色，变换调整后置入素材，对素材副本进行变换处理，添加图层蒙版后使用"渐变工具"▇编辑图层蒙版，置入水珠设置图层混合模式为"颜色减淡"，最后通过变换和图层蒙版来制作水滴缠绕效果，具体操作流程如图 7-50所示。

■ 技术要点

➢ 使用"渐变工具"填充渐变色；

➢ 复制图层进行变换；

➢ 置入素材；

➢ 添加图层蒙版使用"渐变工具"进行编辑；

➢ 添加图层蒙版使用"画笔工具"进行编辑；

➢ 设置图层混合模式为"颜色减淡"；

➢ 添加"投影"图层样式。

中文版Photoshop+Illustrator商业案例项目设计完全解析

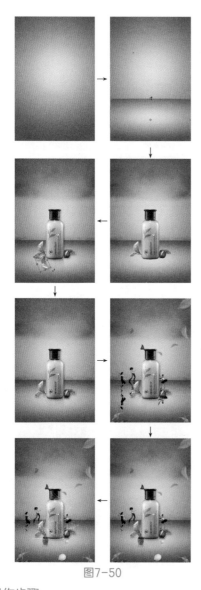

图7-50

图7-52

■ 操作步骤

背景的制作

⓪¹ 启动Photoshop CC软件，新建一个对应杂志相应位置的空白文档。使用"渐变工具" ▣在背景中填充从浅绿色到草绿色的径向渐变，效果如图7-51所示。

图7-51

⓪² 按Ctrl+J组合键得到"图层1"图层，按Ctrl+T组合键调出变换框，拖动控制点将图像调矮，效果如图7-52所示。

⓪³ 按Enter键完成变换。打开附带的"云.jpg"素材文件，使用"移动工具" ⊹拖动图像到新建文档中，设置图层混合模式为"颜色加深"。至此，背景部分制作完成，效果如图7-53所示。

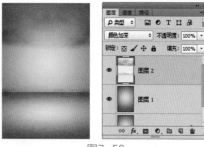

图7-53

商品的添加及倒影制作

⓪¹ 打开附带的"化妆品.png"素材文件，使用"移动工具" ⊹拖动图像到新建文档中，调整大小和位置，效果如图7-54所示。

图7-54

02 执行菜单"图层|图层样式|投影"命令，打开
"图层样式"对话框，勾选"投影"复选框，
其中的参数值设置如图7-55所示。

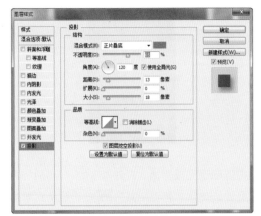

图7-55

03 设置完成后，单击"确定"按钮，效果如
图7-56所示。

图7-56

04 使用"矩形选框工具"在包装瓶上创建一个
矩形选区，按Ctrl+J组合键复制选区内的图像，
得到一个新图层。调整图层顺序后，执行菜单
"编辑|变换|垂直翻转"命令，将图像进行翻转
后移动位置，效果如图7-57所示。

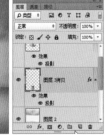

图7-57

05 单击"添加图层蒙版"按钮，为图层添加
一个空白图层蒙版。使用"渐变工具"填
充从黑色到白色的线性渐变，效果如图7-58
所示。

图7-58

06 使用"矩形选框工具"在包装瓶左侧的叶
子上创建一个矩形选区，按Ctrl+J组合键复制选
区内的图像，得到一个新图层。调整图层顺序
后，按Ctrl+T组合键调出变换框，拖动控制点
调整副本的对象的位置和旋转，效果如图7-59
所示。

图7-59

07 按Enter键完成变换，单击"添加图层蒙版"按
钮，为图层添加一个空白图层蒙版。使用
"渐变工具"填充从黑色到白色的线性渐
变，效果如图7-60所示。

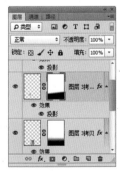

图7-60

08 使用"矩形选框工具"在包装瓶右侧的图
像上创建一个矩形选区，按Ctrl+J组合键复制选
区内的图像，得到一个新图层。调整图层顺序
后，执行菜单"编辑|变换|垂直翻转"命令，将
图像进行翻转后移动位置，效果如图7-61所示。

图7-61

09 单击"添加图层蒙版"按钮 ▣，为图层添加一个空白图层蒙版。使用"渐变工具" ▣填充从黑色到白色的线性渐变。至此，商品的添加及倒影制作完成，效果如图7-62所示。

图7-62

修饰图像的添加及倒影制作

01 打开附带的"树叶.png"素材文件，使用"移动工具" ▸+拖动图像到新建文档中，调整大小和位置，效果如图7-63所示。

图7-63

02 新建"组1"，打开附带的"蝴蝶.png" "人01.png" "人02.png" "人03.png"素材文件，使用"移动工具" ▸+拖动图像到新建文档中的"组1"中，如图7-64所示。

图7-64

03 分别复制人对应的图层，再执行菜单"编辑|变换|垂直翻转"命令，移动副本位置，效果如图7-65所示。

图7-65

04 分别选择"人02" "人03"素材，单击"添加图层蒙版"按钮 ▣，为图层添加一个空白图层蒙版。使用"渐变工具" ▣填充从黑色到白色的线性渐变，效果如图7-66所示。

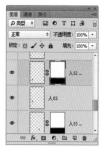

图7-66

05 选中"人01拷贝"图层，使用"多边形套索工具" ▣创建一个选区，将选区内的图像移动位置，效果如图7-67所示。

图7-67

06 按Ctrl+D组合键取消选区，单击"添加图层蒙版"按钮 ◻，为图层添加一个空白图层蒙版。使用"渐变工具" ◻ 填充从黑色到白色的线性渐变，效果如图7-68所示。

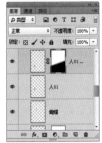

图7-68

07 打开"菠萝""柠檬"素材文件，使用与制作人物同样的方法为其制作倒影。至此，修饰图像的添加及倒影制作完成，效果如图7-69所示。

图7-69

水滴围绕效果的制作

01 打开"水珠.png"素材文件，将其拖动到新建文档中，如图7-70所示。

图7-70

02 将图层命名为"水珠"，执行菜单"图层|图层蒙版|显示全部"命令，为图层添加图层蒙版。使用"画笔工具" ◪ 在蒙版中涂抹黑色，设置"混合模式"为"颜色减淡"，效果如图7-71所示。

图7-71

03 在"图层"面板中新建"组2"，打开"水珠2"素材文件，将其拖动到新建文档中的"组2"中，调整素材大小和位置，将图层命名为"水珠2"，设置图层混合模式为"颜色减淡"，效果如图7-72所示。

图7-72

04 执行菜单"图层|图层蒙版|显示全部"命令，为图层添加图层蒙版，使用"画笔工具" ◪ 在蒙版中涂抹黑色，编辑后的效果如图7-73所示。

图7-73

05 按住Alt键移动"水珠2"图层中的图像，会自动复制一个副本，按Ctrl+T组合键调出变换框，拖动控制点调整图像的形状和大小，按Enter键完成变换，再使用"画笔工具" ◪ 在蒙版中涂抹白色和黑色，编辑后的效果如图7-74所示。

图7-74

06 按住Alt键移动"水珠2 拷贝"图层中的图像，会自动复制一个副本，调整大小和位置后分别使用"画笔工具" ✎ 在蒙版中涂抹白色和黑色，编辑后完成制作，效果如图7-75所示。

 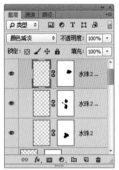

图7-75

7.6.5 使用Illustrator制作化妆品杂志广告的最终效果

■ 制作流程

本案例主要利用"多边形工具" ◯ 绘制三角形轮廓，再使用"路径橡皮擦工具" ✐ 擦除局部路径，输入文字后将其转换为图形，使用"直接选择工具" ▷ 调整文字图形，然后为文字应用"内发光"效果，再为文档输入其他文字和绘制矩形，具体操作流程如图 7-76所示。

■ 技术要点

➢ 使用"多边形工具"绘制三角形；
➢ 使用"路径橡皮擦工具"擦除路径；
➢ 输入文字；
➢ 创建轮廓；
➢ 使用"直接选择工具"编辑文字图形；
➢ 应用"内发光"效果；
➢ 设置"不透明度"。

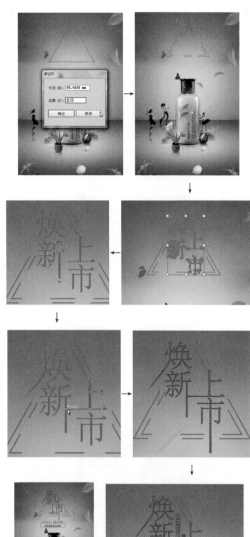

图7-76

■ 操作步骤

01 启动Illustrator CC软件，新建一个空白文档。置入Photoshop制作的图像区域，使用"多边形工具" ◯ 在页面中绘制三角形轮廓，效果如图7-77所示。

图7-77

中文版Photoshop+Illustrator商业案例项目设计完全解析

02 按Ctrl+C组合键进行复制，再按Ctrl+F组合键将副本粘贴在前面，拖动控制点将三角形缩小，效果如图7-78所示。

图7-78

03 使用"路径橡皮擦工具" 在路径上进行涂抹，擦除路径的局部区域，如图7-79所示。

图7-79

温馨提示

"路径橡皮擦工具" 可以擦除路径的全部或部分，使用方法是选择绘制的路径后，使用"路径橡皮擦工具" 在路径上涂抹就可以将鼠标指针经过的区域路径擦除，如图7-80所示。在使用 "路径橡皮擦工具"擦除的路径断开后就可以将其分为两个路径；如果是闭合的路径鼠标指针经过的区域就会被擦除。

图7-80

04 使用"文字工具" 在背景上输入文字，效果如图7-81所示。

图7-81

05 执行菜单"文字|创建轮廓"命令或按Ctrl+Shift+O组合键，将文字转换为图形，效果如图7-82所示。

图7-82

06 执行菜单"对象|取消群组"或按Ctrl+Shift+G组合键，将图形进行拆分，使用"选择工具" 调整文字图形的位置，效果如图7-83所示。

图7-83

07 使用"直接选择工具" 对文字图形进行变形处理，效果如图7-84所示。

图7-84

08 选择编辑后的文字图形，执行菜单"效果|风格化|内发光"命令，打开"内发光"对话框，其中的参数值设置如图7-85所示。

图7-85

09 设置完成后，单击"确定"按钮，效果如图7-86所示。

图7-86

10 使用"直线段工具" ✏ 在文字边缘绘制几条线段，效果如图7-87所示。

图7-87

11 使用"椭圆工具" ⬭ 绘制一个绿色正圆形，再使用"文字工具" T 输入文字，效果如图7-88所示。

图7-88

12 使用"文字工具" T 输入其他文字，效果如图7-89所示。

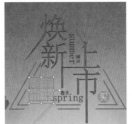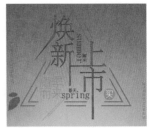

图7-89

13 使用"矩形工具" ▢ 在设计的字体下方绘制一个矩形框，使用"路径橡皮擦工具" ✏ 擦除矩形上边框的局部区域，如图7-90所示。

图7-90

14 使用"矩形工具" ▢ 绘制一个浅绿色矩形，效果如图7-91所示。

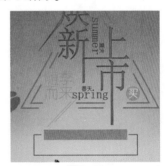

图7-91

15 使用"文字工具" T 输入白色和绿色文字，效果如图7-92所示。

图7-92

16 使用"矩形工具"▢在图像的底部绘制一个深绿色矩形，设置"不透明度"为44%，效果如图7-93所示。

图7-93

17 使用"文字工具"▢在矩形上输入白色文字。至此，本案例制作完成，效果如图7-94所示。

图7-94

★★★★
7.7 优秀作品欣赏

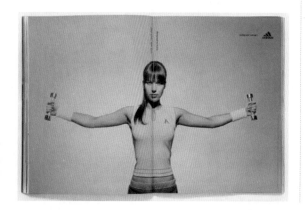

08 第8章 插画设计

本章重点：

> 插画设计的概述与应用
> 学习插画设计应了解的内容
> 商业案例——静夜插画
> 商业案例——儿童创意插画
> 优秀作品欣赏

本章主要从插画的应用、插画设计应了解的内容等方面着手，介绍插画设计的相关知识，并通过相应的制作案例，引导读者理解插画设计的应用以及制作方法，使读者能够快速掌握插画的设计方法与宣传方式。

8.1 插画设计的概述与应用

插画是一种艺术形式，作为现代设计的一种重要的视觉传达形式，以其直观的形象性，真实的生活感和美的感染力，在现代设计中占有特定的地位，已广泛应用于现代设计的多个领域，涉及文化活动、社会公共事业、商业活动、影视文化等方面，如图8-1所示。

图8-1

8.2 学习插画设计应了解的内容

在对插画进行设计之前，我们应该了解一下对于插画的一些知识及内容，比如插画的表现形式、功能与作用、插画用途的类型、插画的具体分类以及插画技法。

1. 表现形式

> 招贴广告插画：也称为宣传画、海报。在广告还主要依赖于印刷媒体传递信息的时代，它处于主宰广告的地位。但随着影视媒体的出现，其应用范围有所缩小。

> 报纸插画：报纸是信息传递的最佳媒介之一。它最为大众化、成本低廉，具有发行量大，传播面广，速度快，制作周期短等特点。

> 杂志书籍插画：包括封面、封底的设计和正文的插画，广泛应用于各类书籍。如文学书籍、少儿书籍、科技书籍等，这种插画正在逐渐减退。今后在电子书籍、电子报刊中仍将大量存在。

- 产品包装插画：产品包装使插画的应用更广泛。产品包装设计包括标志、图形、文字3个要素。它有双重使命：一是介绍产品，二是树立品牌形象。最为突出的特点在于它介于平面与立体设计之间。
- 企业形象宣传品插画：它是企业的 VI设计。它包含在企业形象设计的基础系统和应用系统的两大部分之中。
- 影视媒体中的影视插画：是指电影、电视中出现的插画，一般在广告片中出现得较多。影视插画也包括计算机屏幕。计算机屏幕如今成了商业插画的表现空间，众多的图形库动画、游戏节目、图形表格都成了商业插画的一员。

影视插画

2. 功能与作用

插画界定

现代插画与一般意义上的艺术插画有一定的区别。两者在功能、表现形式、传播媒介等方面有着差异。现代插画的服务对象首先是商品。商业活动要求把所承载的信息准确、明晰地传达给观众，希求人们对这些信息正确接收、把握，并在让观众采取行动的同时使他们得到美的感受，因此说它是为商业活动服务的。

而一般意义的艺术插画大多有3个功能和目的。

（1）作为文字的补充。

（2）让人们得到感性认识的满足。

（3）表现艺术家的美学观念、表现技巧，甚至表现艺术家的世界观、人生观。

现代插画的功能性非常强，偏离视觉传达目的的纯艺术往往使现代插画的功能减弱。因此，设计时不能让插画的主题有产生歧义的可能，必须立足鲜明、单纯、准确。

现代插画诉求功能

现代插画的基本诉求功能就是将信息最简洁、明确、清晰地传递给观众，引起他们的兴趣，努力使他们信服传递的内容，并在审美的过程中欣然接受宣传的内容，诱导他们采取最终的行动。

（1）展示生动具体的产品和服务形象，直观地传递信息。

（2）激发消费者的兴趣。

（3）增强广告的说服力。

（4）强化商品的感染力，刺激消费者的欲求。

招贴插画

杂志插画

报纸插画

产品包装插画

3. 插画用途的类型

在平面设计领域，我们接触最多的是文学插图与商业插画。

> 文学插图：再现文章情节、体现文学精神的可视艺术形式。

> 商业插画：为企业或产品传递商品信息，是集艺术与商业于一体的一种图像表现形式。

插画作者获得与之相关的报酬，放弃对作品的所有权，只保留署名权，属于一种商业买卖行为。

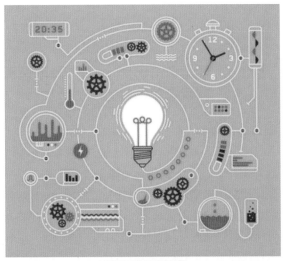

平面设计领域插画

文学插画

商业插画

4. 插画的具体分类

> 按市场的定位：插画分为矢量时尚、卡通低幼、写实唯美、韩漫插图、概念设定等。

> 根据制作方法分类：插画分为手绘、矢量、商业、新锐（2D平面、UI设计、3D）、像素。

> 按插画绘画风格分类：插画分为日式卡通插画、欧美插画、中国香港插画、韩国游

戏插画、中国台湾言情小说封面插画（由于风格多样化，所以只是简单的分类）。

另外，在国外的风格更广泛，还有手工制作的折纸、布纹等各种风格。

无论是传统画笔，还是计算机绘制，插画的绘制都是一个相对比较独立的创作过程，有很强烈的个人情感依归。有关插画的种类有很多，像儿童的、服装的、书籍的、报纸副刊的、广告的、电脑游戏的，不同性质的工作需要不同性质的插画人员，所需风格及技能也有所差异。即使是专业的杂志插画，每家出版社所喜好的风格也不一样，所以插画也越来越商业化，要求也越来越高，走向了专业化的水平。

画插画，最好是先把基本功练好，像素描、速写。素描，是训练对光影、构图的了解。而速写则是训练记忆，用简单的笔调快速地绘出影像感觉，让手及脑更灵活。然后就可多尝试用不同颜料作画，像水彩、油画、色铅笔、粉彩等，找到适合自己的上色方式。

当然，也可以使用计算机绘图，像Illustrator、Photoshop、Painter等绘图软件。简单来说，Illustrator是矢量式的绘图软件，Photoshop是点阵式的，而Painter则是可以模仿手绘画笔的。

插画的创作表现可以具象，也可抽象，创作的自由度极高，当摄影无法拍摄到实体影像时，借助于插画的表现则为最佳时机。插画依照用途可以区分为书刊插画、广告插画和科学插画等。

★★★★ 8.3 商业案例——静夜插画

8.3.1　静夜插画的设计思路

一幅好的插画可以留存很长时间，在插画中寓意一些自己想要表达的内容，会让浏览者更加细心地观看此插画。

本案例是一款表达夜晚寂静的插画，夜晚的插画在选色时通常会选择一个黑暗里的天空颜色，加上月亮、繁星、竹子和小鸟，在画面中都能让浏览者感觉到一种安静的效果，即使是偶尔的鸟叫也不会破坏整体的寂静效果。

在画面中的第一视觉点是画面中的月亮，黑夜里唯一发出亮光的物体，衬托着繁星、白云和飞翔的鸟，让月光变得更加唯美，第二视觉点是地面上的竹子，静静地，一动不动，将寂静衬托得更加明显，草地和小鸟同样可以体现出安静的感觉，没有打扰它们的元素，让它们安静的大胆地成为画面中的一员。

8.3.2　配色分析

本案例中的配色根据案例的特点以暗夜中的天空蓝色作为背景，在光从背后照射过来后，很自然形成了黑色剪影效果。由于是在黑夜，所以云彩、流星等元素都是按照黑夜中应该出现的对应白色的灰色效果，此类的颜色搭配可以更好地与主题效果相匹配，如图8-2所示。

| C:96 M:80 Y:49 K:14 R:14 G:62 B:94 # 0E3E5E | C:72 M:23 Y:28 K:0 R:60 G:154 B:174 # 3C9AAE | C:0 M:0 Y:0 K:100 R:51 G:44 B:43 #332C2B | C:0 M:0 Y:0 K:0 R:255 G:255 B:255 #FFFFFF |

图8-2

8.3.3　构图布局

本案例是按照从左向右的水平构图方式，第一视觉图像被放置到了最左上角的位置，左下和右侧放置了第二视觉图像和修饰图像，如图8-3所示。

图8-3

8.3.4　使用Photoshop制作静夜插画背景图像部分

■　制作流程

本案例主要使用"渐变工具" ▨绘制渐变背景，应用"云彩"滤镜结合图层蒙版制作天空效果，绘制圆点应用"高斯模糊"滤镜后制作成星星效果，通过绘制的正圆形结合"高斯模糊""内发光"滤镜以及图层混合模式来制作月亮效果，具体操作流程如图 8-4所示。

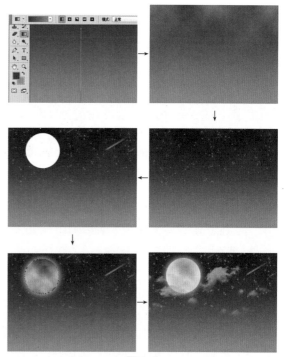

图8-4

■ 技术要点

➢ 新建文档填充渐变色；

➢ 应用"云彩"滤镜；

➢ 添加图层蒙版；

➢ 使用"渐变工具"编辑蒙版；

➢ 设置图层混合模式为"滤色"；

➢ 添加"内发光"和"外发光"图层样式；

➢ 载入画笔；

➢ 天空背景的制作。

■ 操作步骤

01 启动Photoshop CC软件，新建一个对应杂志相应位置的空白文档。设置"前景色"为C:96、M:80、Y:49、K:14，设置"背景色"为C:72、M:23、Y:28、K:0，使用  "渐变工具"从上向下拖动鼠标填充从前景色到背景色的线性渐变，效果如图8-5所示。

图8-5

02 新建一个图层，执行菜单"滤镜|渲染|云彩"命令，效果如图8-6所示。

图8-6

03 单击"添加图层蒙版"按钮 为图层添加一个空白蒙版，使用"渐变工具" 在蒙版中填充从黑色到白色的线性渐变，设置图层混合模式为"变亮"，效果如图8-7所示。

图8-7

04 新建一个图层，将其填充为黑色，单击"添加图层蒙版"按钮 为图层添加一个空白蒙版，使用"渐变工具" 在蒙版中填充从黑色到白色的线性渐变，设置"不透明度"为73%，效果如图8-8所示。

图8-8

05 新建一个图层，选择"画笔工具" 后，按F5键打开"画笔"面板，其中的参数值设置如图8-9所示。

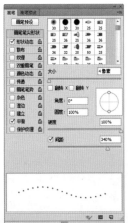

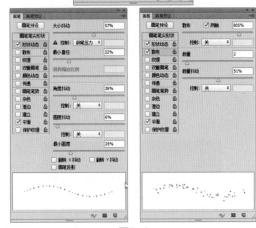

图8-9

06 将"前景色"设置为白色，使用"画笔工具" 在页面中绘制圆点画笔，如图8-10所示。

图8-10

07 按Ctrl+J组合键复制一个图层，执行菜单"滤镜|模糊|高斯模糊"命令，打开"高斯模糊"对话框，设置"半径"为4.8像素，如图8-11所示。

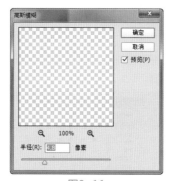

图8-11

08 设置完成后，单击"确定"按钮，效果如图8-12所示。

图8-12

09 新建一个图层，使用"矩形工具" 绘制一个白色椭圆，效果如图8-13所示。

图8-13

10 执行菜单"滤镜|模糊|高斯模糊"命令，打开"高斯模糊"对话框，设置"半径"为2.1像素，设置完成后，单击"确定"按钮，效果如图8-14所示。

图8-14

11 单击"添加图层蒙版"按钮 为图层添加一个空白蒙版，使用"渐变工具" 在蒙版中填充从黑色到白色的线性渐变，效果如图8-15所示。

图8-15

12 按Ctrl+T组合键调出变换框，拖动控制点，将图像进行旋转并移动位置，效果如图8-16所示。

图8-16

13 按Enter键完成变换。执行菜单"图层|图层样式|外发光"命令，打开"图层样式"对话框，勾选"外发光"复选框，其中的参数设置如图8-17所示。

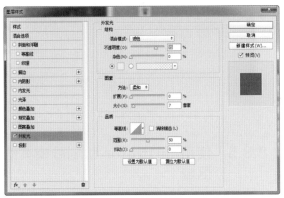

图8-17

14 设置完成后，单击"确定"按钮，复制两个副本将其缩小后移动到合适位置。至此，背景部分制作完成，效果如图8-18所示。

图8-18

月亮及云彩区域的制作

01 新建一个图层，使用"椭圆工具" ⬭ 绘制一个白色正圆形，如图8-19所示。

图8-19

02 执行菜单"滤镜|转换为智能滤镜"命令，再执行菜单"滤镜|模糊|高斯模糊"命令，打开

"高斯模糊"对话框，设置"半径"为19.6像素，设置完成后，单击"确定"按钮，效果如图8-20所示。

图8-20

03 新建一个图层，使用"椭圆选框工具" ⬭ 绘制一个正圆形选区，按D键默认"前景色"和"背景色"，执行菜单"滤镜|渲染|云彩"命令，效果如图8-21所示。

图8-21

04 按Ctrl+D组合键取消选区。在"图层"面板中设置图层混合模式为"滤色"，效果如图8-22所示。

图8-22

05 按Ctrl+J组合键复制一个图层，执行菜单"图层|图层样式|内发光"命令，打开"图层样式"对话框，勾选"内发光"复选框，其中的参数值设置如图8-23所示。

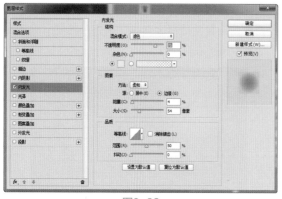

图8-23

06 设置完成后，单击"确定"按钮。在"图层"面板中设置图层混合模式为"正常"、"不透明度"为61%，如图8-24所示。

图8-24

07 新建一个图层，选择"画笔工具" 后载入云彩画笔，在"画笔"拾色器中找到云彩笔触，如图8-25所示。

图8-25

08 使用"画笔工具" 在页面中绘制灰色云彩画笔。至此，本案例制作完成，效果如图8-26所示。

图8-26

8.3.5 使用Illustrator 绘制静夜其他区域

■ 制作流程

本案例主要利用"文字工具" T 输入文字并将其创建轮廓，拆分后移动文字图形位置，调整图形形状，设置"描边"宽度和颜色，分别调整"不透明度"，具体操作流程如图 8-27所示。

图8-27

■ 技术要点

➢ 置入素材；

➢ 输入文字；

➢ 创建轮廓；

➢ 使用"直接选择工具"调整形状；

- ➢ 使用"路径查找器"进行联集处理；
- ➢ 设置"描边"宽度和颜色；
- ➢ 设置"不透明度"；
- ➢ 绘制矩形并调整不透明度。

■ 操作步骤

草地和小鸟的制作

① 启动Illustrator CC软件，新建一个空白文档。置入Photoshop制作的背景图像部分，按Ctrl+2组合键将背景进行锁定，使用"矩形工具" 在底部绘制一个黑色矩形，如图8-28所示。

图8-28

② 双击"皱褶工具" ，打开"皱褶工具选项"对话框，设置各选项参数，如图8-29所示。

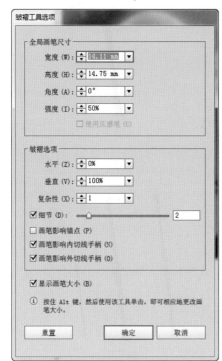

图8-29

③ 使用"皱褶工具" 在黑色矩形上面水平进行拖动，效果如图8-30所示。

图8-30

④ 执行菜单"窗口|符号库|自然"命令，打开"自然"面板，选择其中的"草地4"符号，将其拖动到黑色矩形上面，效果如图8-31所示。

图8-31

⑤ 执行菜单"对象|扩展"命令，打开"扩展"对话框，勾选"对象"和"填充"复选框后，单击"确定"按钮，将符号转换为图形，效果如图8-32所示。

图8-32

⑥ 将草填充为黑色并将其选中，按Ctrl+G组合键将其进行编组，按住Alt键向右侧拖动，复制一个副本，效果如图8-33所示。

图8-33

07 使用同样的方法多复制几个副本，将其铺满下面的黑色矩形，效果如图8-34所示。

图8-34

08 执行菜单"窗口|符号库|提基"命令，打开"提基"面板，选择其中的"鸟类"符号，将其拖动到黑色矩形上面，效果如图8-35所示。

图8-35

09 执行菜单"对象|扩展"命令，将符号转换为图形，再将其填充为黑色，效果如图8-36所示。

图8-36

10 使用"选择工具" 拖动控制点将鸟类图形缩小，再向右拖动左侧的控制点，将图形进行翻转调整，效果如图8-37所示。

图8-37

11 至时，该区域制作完成，效果如图8-38所示。

图8-38

竹子的绘制

01 在文档中使用 "矩形工具" 绘制一个黑色矩形，使用"直接选择工具" 将矩形进行形状调整，方法如图8-39所示。

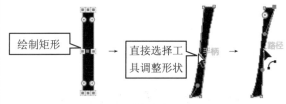

绘制矩形 → 直接选择工具调整形状 → 手柄 路径

图8-39

02 使用"椭圆工具" 在调整后的矩形上绘制一个黑色椭圆形，效果如图8-40所示。

图8-40

03 复制竹节和中间的椭圆形并缩小，效果如图8-41所示。

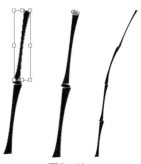

图8-41

04 使用"椭圆工具" 绘制一个椭圆形，再使用"直接选择工具" 将椭圆形调整成竹叶的形状，如图8-42所示。

图8-42

05 选择调整后的竹叶，执行菜单"窗口|画笔"命令，打开"画笔"面板，单击"新建画笔"按钮 🔲 ，在弹出的"新建画笔"对话框中选中"艺术画笔"单选按钮，如图8-43所示。

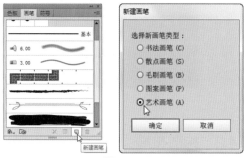

图8-43

06 选择完成后，单击"确定"按钮。在弹出的"艺术画笔选项"对话框中，设置各选项参数如图8-44所示。

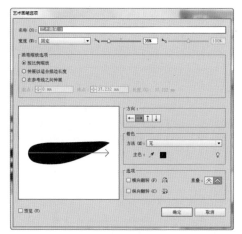

图8-44

07 设置完成后，单击"确定"按钮。此时，在"画笔"面板中可以看到新建的画笔，如图8-45所示。

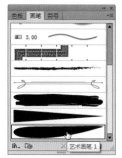

图8-45

08 使用"画笔工具" ✏️ ，在刚才绘制的竹子上进行拖动绘制，将竹节拖动得长一点，以此来绘制细的竹竿，如图8-46所示。

图8-46

09 根据位置的不同绘制时，以拖动长度进行相应的操作，效果如图8-47所示。

图8-47

10 框选所有竹竿和竹叶，按Ctrl+G组合键将其群组，复制群组对象后得到一个副本，将其缩小，如图8-48所示。

图8-48

11 框选所有的竹子，按Ctrl+G组合键将其群组，再将其拖动到背景图像上，复制一个副本并将其缩小。至此，本案例制作完成，效果如图8-49所示。

图8-49

8.4 商业案例——儿童创意插画

8.4.1 儿童创意插画的设计思路

在设计制作儿童创意插画时首先设计的内容要更加贴近儿童的思维,在画面中要能直观并轻松地表达出插画的内容来。

本案例是一款小猫看到头顶上的鱼,而后产生的一些拟人的想法,中间的梯子恰恰是成为小猫得到鱼的一个很好的媒介,设计儿童插画的原则是尽量简单易懂,不要过多修饰。本例绘制的内容就是按照此项规则而进行创意设计的。

8.4.2 配色分析

儿童插画在配色时应该尽量符合孩子对颜色的喜好,整体配色要色彩感觉较多,但是不要过于凌乱。本案例中的配色以绿色为背景的主色,加上橘黄色的小猫、橘色与绿色组成的梯子、在光球中的鱼,可以让本案例制作的插画有一种层次相呼应的效果,具体配色如图8-50所示。

C:21 M:2 Y:50 K: 47 R:138 G:149 B:99 # 8A9563	C:20 M:46 Y:88 K: 6 R:202 G:145 B:44 # CA912C	C:0 M:0 Y:0 K:100 R:51 G:44 B:43 #332C2B	C:0 M:0 Y:0 K:0 R:255 G:255 B:255 #FFFFFF

图8-50

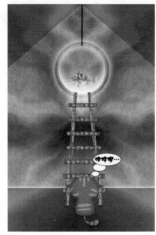

图8-50(续)

8.4.3 构图布局

本案例的构图是以垂直的上下方式搭配的,上部是插画的第二主角"鱼",中间是连接小猫得到想法的梯子,下部是文本和第一主角"小猫",设计构图符合从上向下的看图习惯,布局中为了增加小猫的思维添加了一个文字说明,这样可以让浏览者更加容易地知道本插画的内容,如图8-51所示。

图8-51

8.4.4 使用Photoshop制作儿童创意插画背景

■ 制作流程

本案例主要在新建的文档中填充图案,新建图层应用"云彩""添加杂色""径向模糊""波浪"滤镜后,复制图层进行水平翻转并设置图层混合模式,盖印图层对局部进行透视处理,绘制正圆形为其添加"内发光"和"外发光"图层样式,复制图层添加图层蒙版,应用"渐变工具" ■编辑图层蒙版,具体操作流程如图8-52所示。

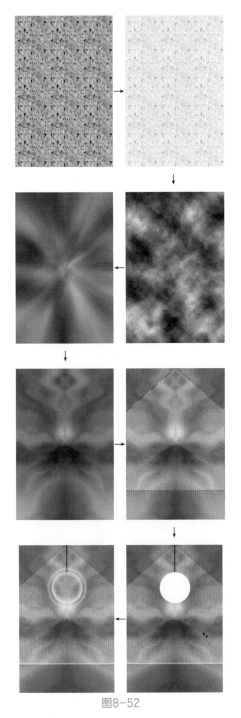

图8-52

■ 技术要点

➤ 使用"填充"命令填充图案；

➤ 新建图层并应用"云彩""添加杂色"
  "径向模糊""波浪"滤镜；

➤ 复制图层进行变换；

➤ 使用"色相/饱和度"命令进行调整；

➤ 设置图层混合模式为"颜色减淡"；

➤ 添加"内发光"和"外发光"图层样式；

➤ 添加图层蒙版，使用"渐变工具"进行
  编辑。

■ 操作步骤

背景的制作

01 启动Photoshop CC软件，新建一个200mm×
30mm的空白文档。执行菜单"编辑|填充"命
令，打开"填充"对话框，在"使用"下拉列
表框中选择"图案"选项，在"自定图案"拾
色器中单击"弹出菜单"按钮 ✿ₓ，在弹出的
下拉菜单中选择"自然图案"命令，如图8-53
所示。

图8-53

02 选择"自然图案"命令后，弹出警告对话框，
如图8-54所示。

图8-54

03 单击"确定"按钮，会用"自然图案"替换之
前的图案，选择其中的一个"黄菊"图案，如
图8-55所示。

图8-55

04 选择图案后，单击"确定"按钮，效果如图8-56所示。

图8-56

05 新建一个图层，将其填充为白色，设置"不透明度"为72%，效果如图8-57所示。

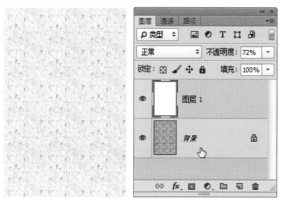

图8-57

06 新建一个图层，执行菜单"滤镜|渲染|云彩"命令，效果如图8-58所示。

图8-58

07 执行菜单"滤镜|杂色|添加杂色"命令，打开"添加杂色"对话框，其中的参数值设置如图8-59所示。

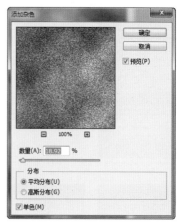

图8-59

08 设置完成后，单击"确定"按钮，效果如图8-60所示。

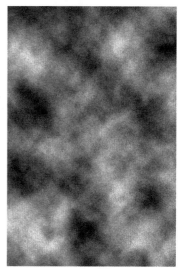

图8-60

09 执行菜单"滤镜|模糊|径向模糊"命令，打开"径向模糊"对话框，其中的参数值设置如图8-61所示。

图8-61

10 设置完成后，单击"确定"按钮。按Ctrl+F组合键两次，效果如图8-62所示。

中文版Photoshop+Illustrator商业案例项目设计完全解析

图8-60

11 执行菜单"滤镜|扭曲|波浪"命令,打开"波浪"对话框,其中的参数值设置如图8-63所示。

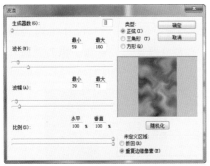

图8-63

12 设置完成后,单击"确定"按钮,效果如图8-64所示。

图8-64

13 按Ctrl+J组合键,复制得到一个图层,执行菜单"编辑|变换|水平翻转"命令,将图像进行水平翻转。在"图层"面板中设置图层混合模式为"变亮",效果如图8-65所示。

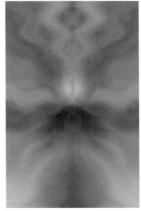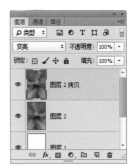

图8-65

14 单击"创建新的填充或调整图层"按钮，在弹出的下拉菜单中选择"色相/饱和度"命令,此时系统会打开"色相/饱和度"的"属性"面板,设置参数值,效果如图8-66所示。

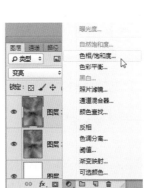

图8-66

15 调整后的效果,如图8-67所示。

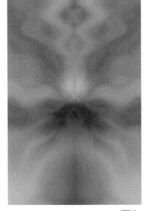

图8-67

16 复制"背景"图层,将"背景 拷贝"图层拖动到最上层,设置图层混合模式为"色相",效果如图8-68所示。

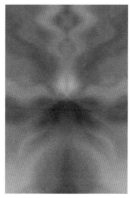

图8-68

⑰ 新建一个图层，使用"多边形套索工具" 绘制一个选区，将其填充为黑色，设置图层混合模式为"颜色减淡"，效果如图8-69所示。

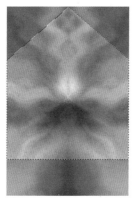

图8-69

⑱ 按Ctrl+D组合键取消选区，按Ctrl+Shift+Alt+E组合键盖印一个图层，如图8-70所示。

图8-70

⑲ 使用"矩形选框工具" 在盖印图层中绘制一个矩形选区，执行菜单"编辑|变换|透视"命令，调出变换框后拖动控制点将选区内的图像进行透视调整，如图8-71所示。

图8-71

⑳ 按Enter键完成变换。按Ctrl+D组合键取消选区。新建一个图层，使用"矩形工具" 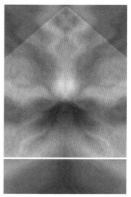绘制一个白色矩形，如图8-72所示。

图8-72

㉑ 执行菜单"滤镜|模糊|高斯模糊"命令，打开"高斯模糊"对话框，其中的参数值设置如图8-73所示。

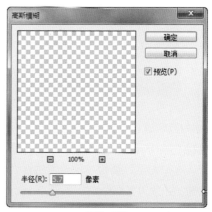

图8-73

22 设置完成后，单击"确定"按钮。使用"矩形选框工具" 绘制一个矩形选区，按Delete键清除选区内容，效果如图8-74所示。

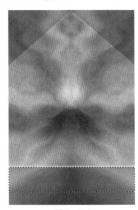

图8-74

23 按Ctrl+D组合键取消选区。至此，背景部分制作完成，效果如图8-75所示。

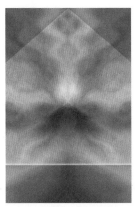

图8-75

圆光的制作

01 新建一个图层，使用"矩形工具" 绘制一个黑色的矩形，效果如图8-76所示。

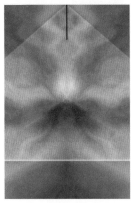

图8-76

02 新建一个图层，使用"椭圆工具" 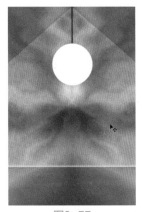 绘制一个白色的正圆形，效果如图8-77所示。

图8-77

03 执行菜单"图层|图层样式|内发光"命令，打开"图层样式"对话框，勾选"内发光"和"外发光"复选框，其中的参数值设置如图8-78所示。

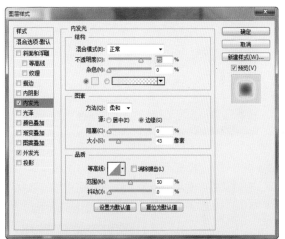

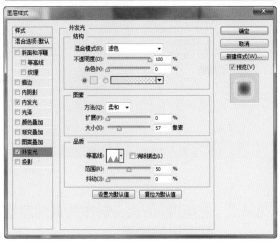

图8-78

04 设置完成后，单击"确定"按钮。在"图层"面板中，设置"图层7"图层的"填充"为0，效果如图8-79所示。

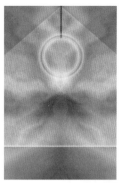

图8-79

05 按Ctrl+J组合键得到一个复制图层，执行菜单"图层|栅格化|图层样式"命令，将图层进行栅格化处理，如图8-80所示。

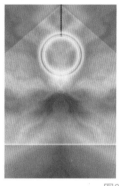

图8-80

06 单击"添加图层蒙版"按钮 ，为图层添加一个空白蒙版，使用"渐变工具" 编辑图层蒙版。至此，本案例制作完成，效果如图8-81所示。

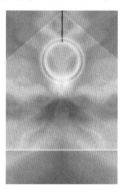

图8-81

8.4.5 使用Illustrator制作儿童创意插画的最终效果

■ 制作流程

本案例主要利用符号库插入符号后设置图层混合模式，绘制正圆形并为其添加图层蒙版，通过渐

变色编辑蒙版，绘制矩形填充图案，绘制小猫并将其进行"联集"处理，绘制小猫身上的花纹进行剪贴蒙版编辑，具体操作流程如图 8-82 所示。

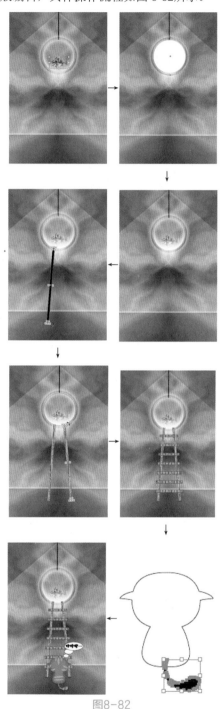

图8-82

■ 技术要点

➢ 插入"自然"符号中的鱼；

➢ 创建图层蒙版；

➢ 使用渐变编辑蒙版；

➢ 绘制矩形并填充"竹子颜色"图案；

> 绘制椭圆形并使用"直接选择工具"进行编辑；
> 使用"宽度工具"编辑路径；
> 应用"内发光"图层样式；
> 设置"不透明度"。

■ 操作步骤

鱼部分的制作

01 启动Illustrator CC软件，新建一个空白文档。置入Photoshop制作的插画背景区域。执行菜单"窗口|符号库|自然"命令，打开"自然"符号面板，选择其中的"鱼类4"符号，将其拖曳到文档中，调整大小和位置，效果如图8-83所示。

图8-83

02 在"透明度"面板中设置混合模式为"明度"，效果如图8-84所示。

图8-84

03 使用"椭圆工具" ◯在文档中绘制一个白色正圆形，如图8-85所示。

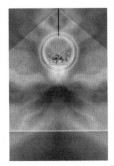

图8-85

04 单击"透明度"面板中的"制作蒙版"按钮，选择蒙版缩览图，如图8-86所示。

图8-86

05 使用"椭圆工具" ◯在正圆形上面绘制一个大一点的正圆形，效果如图8-87所示。

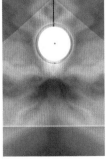

图8-87

06 在"渐变"面板中，设置各选项参数，此时鱼部分制作完成，效果如图8-88所示。

 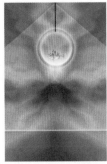

图8-88

梯子部分的制作

01 使用"矩形工具" ▢绘制一个矩形，使用"选择工具" ▶将其进行旋转，效果如图8-89所示。

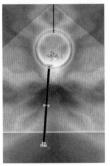

图8-89

02 执行菜单"窗口|色板库|图案|自然|自然_叶子"命令，打开"自然_叶子"面板，选择"竹子颜色"，效果如图8-90所示。

图8-90

03 复制一个副本，将其进行旋转，效果如图8-91所示。

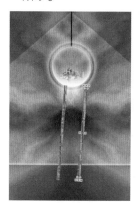
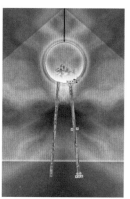

图8-91

04 复制一个副本，将其进行旋转并缩小，再复制一个副本，效果如图8-92所示。

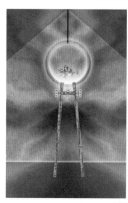
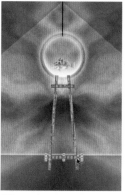

图8-92

05 选择两个矩形，执行菜单"对象|混合|创建"命令，为其创建混合效果，再执行菜单"对象|混合|混合选项"命令，打开"混合选项"对话框，设置参数后，效果如图8-93所示。

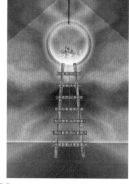

图8-93

06 使用"椭圆工具" ⬭ 在梯子底部绘制一个黑色椭圆，效果如图8-94所示。

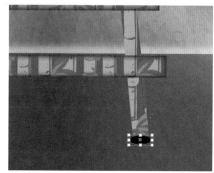

图8-94

07 执行菜单"效果|模糊|高斯模糊"命令，打开"高斯模糊"对话框，其中的参数值设置如图8-95所示。

图8-95

08 设置完成后，单击"确定"按钮。在"透明度"面板中设置"不透明度"为46%，效果如图8-96所示。

图8-96

09 按Ctrl+[组合键调整顺序，再复制一个椭圆形，至此，梯子制作完成，效果如图8-97所示。

图8-97

小猫的制作

01 使用"椭圆工具" ⬭ 绘制一个椭圆形，使用"直接选择工具" ▷ 调整形状，效果如图8-98所示。

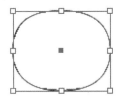

图8-98

02 使用"椭圆工具" ⬭ 再绘制一个椭圆，使用"直接选择工具" ▷ 调整形状，效果如图8-99所示。

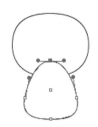

图8-99

03 使用"钢笔工具" ✎ 绘制猫耳朵形状，复制一个副本，效果如图8-100所示。

 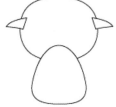

图8-100

04 使用"钢笔工具" ✎ 绘制尾巴，使用"宽度工具" ✎ 调整尾巴形状，效果如图8-101所示。

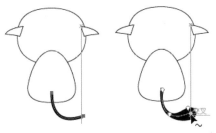

图8-101

05 选择尾巴，执行菜单"对象|扩展外观"命令，效果如图8-102所示。

图8-102

06 框选小猫的所有对象，执行菜单"窗口|路径查找器"命令，打开"路径查找器"对话框，单击"联集"按钮◻，效果如图8-103所示。

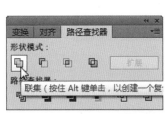 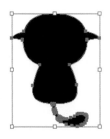

图8-103

07 复制一个小猫副本，将其填充为橘黄色，执行菜单"效果|风格化|内发光"命令，打开"内发光"对话框，其中的参数值设置如图8-104所示。

图8-104

08 设置完成后，单击"确定"按钮，效果如图8-105所示。

图8-105

09 将小猫拖动到背景上，效果如图8-106所示。

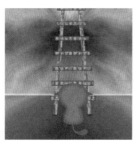

图8-106

10 使用"椭圆工具" ○ 在小猫身上绘制一些白色椭圆，效果如图8-107所示。

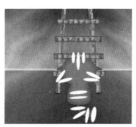

图8-107

11 使用"钢笔工具" ✎ 绘制一个黑色图形，如图8-108所示。

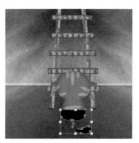

图8-108

12 执行菜单"效果|模糊|高斯模糊"命令，打开"高斯模糊"对话框，其中的参数值设置如图8-109所示。

图8-109

13 设置完成后，单击"确定"按钮，在"透明度"面板中设置"不透明度"为41%，效果如图8-110所示。

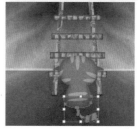

图8-110

14 按Ctrl+[组合键多次调整顺序，再使用"椭圆工具" ○ 绘制3个椭圆形，效果如图8-111所示。

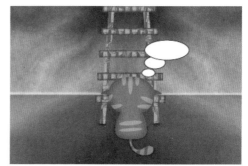

图8-111

15 使用"文字工具" T 在椭圆形上输入文字。至此，本案例制作完成，效果如图8-112所示。

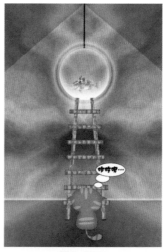

图8-112

中文版Photoshop+Illustrator商业案例项目设计完全解析

8.5 优秀作品欣赏

09 第9章 包装设计

本章重点：

- ➤ 包装设计的概述与应用
- ➤ 包装的分类
- ➤ 包装设计的构成要点
- ➤ 商业案例——单片湿巾包装设计
- ➤ 商业案例——茶叶包装设计
- ➤ 优秀作品欣赏

本章主要从包装设计的分类、构成要点等方面着手，介绍包装设计的相关知识与应用，并通过相应的包装设计案例，引导读者理解包装设计的应用以及制作方法，使读者能够快速掌握包装设计的特点与应用形式。

★★★★ 9.1 包装设计的概述与应用

包装是产品由生产转入市场流通的一个重要环节。包装设计是包装的灵魂，是包装成功与否的重要因素。激烈的市场竞争不但推动了产品与消费的发展，同时不可避免地推动了企业战略的更新，其中包装设计也被放在市场竞争的重要位置上。这就是20多年的包装设计中表现手法和形式越来越具有开拓性和目标性的根本原因。

包装设计包含了设计领域中的平面构成、立体构成、文字构成、色彩构成及插图、摄影等，是一门综合性很强的设计专业学科。包装设计又是和市场流通结合最紧密的设计，设计的成败完全有赖于市场的检验。所以，市场学、消费心理学，始终贯穿在包装设计之中。

包装是指为了在流通过程中保护商品、方便储运、促进销售而按一定技术方法采取的容器、材料及辅助物的总体名称，并在此过程中施加一定的技术方法等的操作活动，如图9-1所示。

图9-1

★★★★ 9.2 包装的分类

商品种类繁多，形态各异、五花八门，其功能作用、外观内容也各有千秋。所谓内容决定形式，包装也不例外。所以，为了区别商品与设计上的方便，可以对包装进行分类，如包装盒设计、手提袋设计、食品包装设计、饮料包装设计、礼盒包装设计、化妆品瓶体设计、洗涤用品包装设计、香烟包装设计、酒类包装设计、药品包装设计、保健品包装设计、软件包装设计、CD包装设计、电子产品包装设计、日化产品包装设计、进出口商品包装设计等，如图9-2所示。

图9-2

9.3 包装设计的构成要点

包装的主展面是最关键的位置，往往给人印象深刻，其版面通常安排消费者最为关注的内容如品牌、标志、企业、商品图片等，设计中可以创意无限，但一定要注意具体内容与表现形式的完美结合。另外，主面不是孤立的，它需要与其他各面形成文字、色彩、图形的连贯、配合、呼应，才能达到理想的视觉效果。

1. 造型统一

设计同一系列或同一品牌的商品包装，在图案、文字、造型上必须给人以大致统一的印象，以增强产品的品牌感、整体感和系列感，当然也可以采用某些色彩变化来展现内容物的不同性质，以达到吸引相应顾客群的目的，如图9-3所示。

图9-3

2. 外形新颖

包装的外形设计必须根据其内容物的形状和大小、商品文化层次、价格档次和消费者对象等多方面因素进行综合考虑，并做到外包装和内容物设计形式的统一，力求符合不同层次顾客的购买心理，使他们容易产生商品的认同感。例如，高档次、高消费的商品要尽量设计得造型独特、品位高雅，大众化的、廉价的商品则应该设计得符合时尚潮流，能够迎合普通大众的消费心理，如图9-4所示。

图9-4

3. 色彩的搭配

色彩在包装版面中虽不如文字、图片信息重要，但却是视觉感受中最活跃的成分，是表现版面个性化、情感影响力的重要因素。

包装版面中为了直白说明内容物，拉近与消费者的距离，有使用实物摄影写真色彩表现，也有侧重于色块、线条的组合，强调形式感，色彩表现抽象、概括、写意，如图9-5所示。

图9-5

4. 文字的设计

文字是包装必不可少的要素，编排中要依据具体内容的不同选择字体大小、摆放位置、组织形式，把握好主次关系，如图9-6所示。

图9-6

5. 材料环保

在设计包装时应该从环保的角度出发，尽量采用可以自然分解的材料，或通过减少包装耗材来降低废弃物的数量，还可以从提高包装设计的精美程度和实用角度出发，使包装设计向着可被消费者作为日常生活器具加以二次利用的方向发展，如图9-7所示。

图9-7

6. 编排构成

必须将上述造型、外形、色彩、文字、材料等包装设计要素按照设计创意进行统一的编排、整合，在视觉中以形成整体的、系列的包装形象，如图9-8所示。

图9-8

★★★★
9.4 商业案例——单片湿巾包装设计

9.4.1 单片湿巾包装的设计思路

出门时携带的湿巾大多数是大包装的，使用时需要取出一张，然后再将剩余的进行封闭，使用次数多了就会使封口粘不严，导致细菌的滋生。在这种情况下，单张一次使用的纸巾包装，就会是每次出门时携带的首选，既方便又卫生。

本案例是卫生湿纸巾的单张一次性包装设计。在包装上预留的豁口，可以让使用者非常容易地将其撕开。在包装的图案设计方面选择的是比较素雅的颜色搭配，让人看起来非常舒服。这种类型的包装属于画面简单但是并不简陋的风格，湿纸巾直接将名称放置到包装上面，文字与花纹联系得非常紧密，和后面的花纹相搭配，非常吸引买家目光，此种设计正好符合湿纸巾包装的设计风格。

9.4.2 配色分析

本案例中的配色根据湿纸巾包装的特点以白色结合花纹作为整体的背景色，包装上的配色以绿色、黄色和粉色作为文字和花纹的颜色，以此种配色来说明此湿纸巾的简洁、高雅。本案例背景中的花纹配色比较多，目的是营造出活泼动感的视觉效果，包装前方的文字与花纹运用的色彩较少，可以让浏览者不会产生眼花的副作用，如图9-9所示。

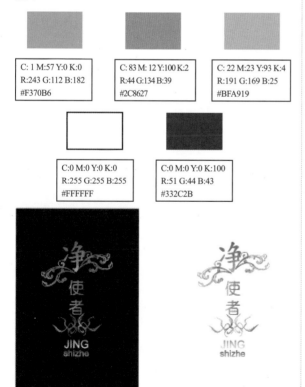

C: 1 M:57 Y:0 K:0 R:243 G:112 B:182 #F370B6	C: 83 M: 12 Y:100 K:2 R:44 G:134 B:39 #2C8627	C: 22 M:23 Y:93 K:4 R:191 G:169 B:25 #BFA919

C:0 M:0 Y:0 K:0 R:255 G:255 B:255 #FFFFFF	C:0 M:0 Y:0 K:100 R:51 G:44 B:43 #332C2B

图9-9

图9-9（续）

9.4.3 构图布局

本案例中的湿纸巾包装只有正面有图案，正面中的构图布局是从上向下的，中间区域是文字与花纹相结合进行设计，让画面看起来更加具有动感，如图9-10所示。

```
        花纹

花    ┌─────────┐
纹    │         │
花    │ 文字与花纹 │
纹    │         │
      └─────────┘

        花纹
```

图9-10

9.4.4 使用Illustrator绘制单片湿纸巾包装

■ 制作流程

本案例主要使用"矩形工具"绘制矩形并将其调整为圆角矩形，再将圆角矩形在"路径查找器"面板中进行编辑，置入素材后在"透明度"面板中应用"制作蒙版"按钮，绘制圆角矩形应用"外发光""内发光"和"海洋波纹"效果，具体操作流程如图9-11所示。

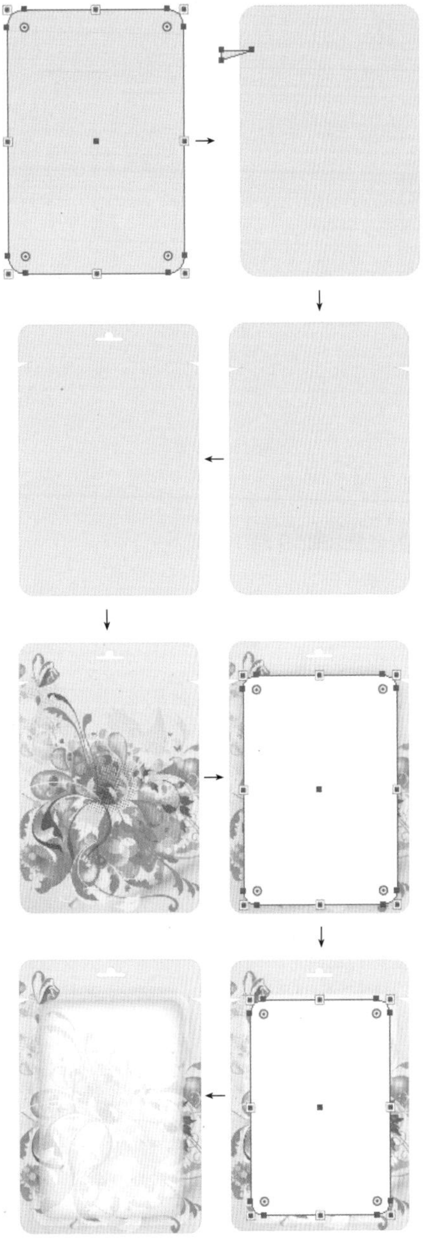

图9-11

■ 技术要点

- 新建文档并绘制矩形；
- 将矩形调整为圆角矩形；
- 使用“钢笔工具”绘制三角形；
- 应用“路径查找器”面板；
- 设置“不透明度”；
- 应用“外发光”“内发光”和“海洋波纹”效果。

■ 操作步骤

背景的制作

01 启动Illustrator CC软件，新建一个空白文档。使用“矩形工具”绘制一个灰色矩形，将描边“填充”为深一点灰色，如图9-12所示。

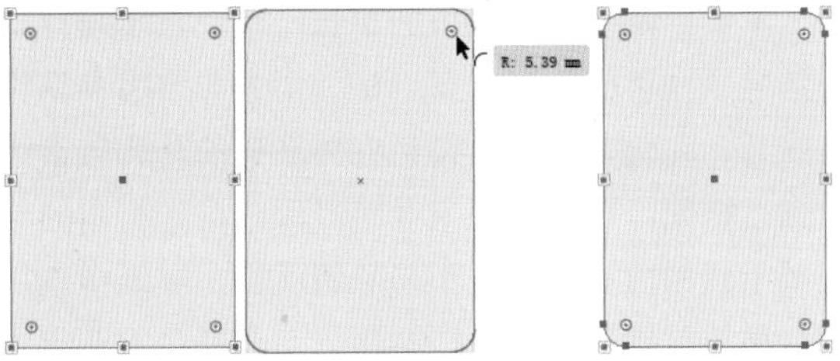

图9-12

02 使用“钢笔工具”在文档左侧绘制一个三角形，如图9-13所示。

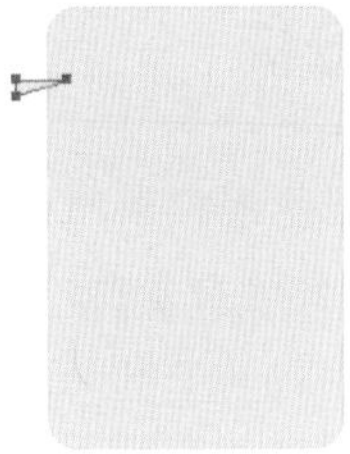

图9-13

03 使用“选择工具”框选三角形和圆角矩形，执行菜单“窗口|路径查找器”命令，打开“路径查找器”对话框，单击“减去顶层”按钮，效果如图9-14所示。

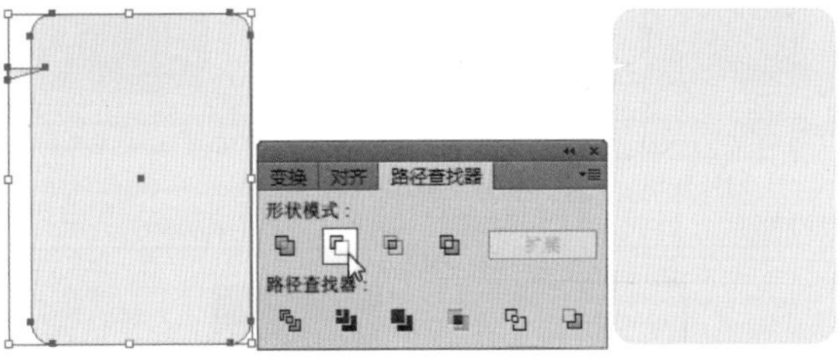

图9-14

04 使用“钢笔工具”在右侧绘制一个三角形，使用“选择工具”框选三角形和圆角矩形，在“路径查找器”面板中单击“减去顶层”按钮，效果如图9-15所示。

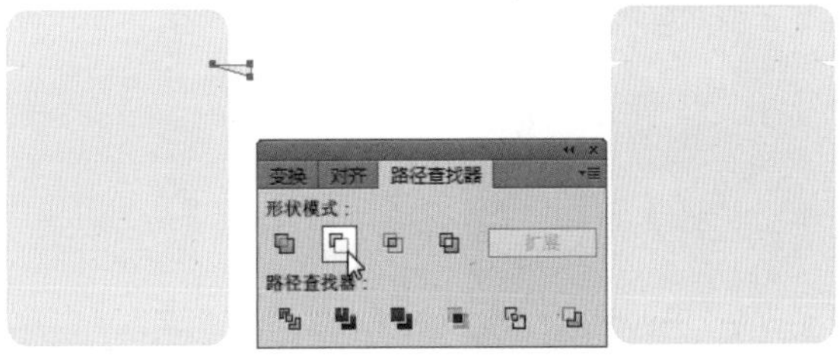

图9-15

05 使用“圆角矩形工具”和“椭圆工具”绘制一个圆角矩形和一个正圆形，如图9-16所示。

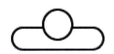

图9-16

06 使用"选择工具" 框选圆角矩形和正圆形，在"路径查找器"面板中单击"联集"按钮 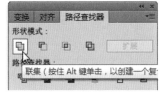，效果如图9-17所示。

图9-17

07 将应用"联集"后的对象拖动到大圆角矩形上，如图9-18所示。

图9-18

08 框选对象单击"路径查找器"面板中的"减去顶层"按钮 ，效果如图9-19所示。

图9-19

09 选择编辑后的图形，按Ctrl+C组合键进行复制，再按Ctrl+V组合键进行粘贴，得到一个副本，如图9-20所示。

图9-20

10 执行菜单"文件|置入"命令，置入附带的"花纹"素材文件，按Ctrl+[组合键向后调整一层，效果如图9-21所示。

图9-21

11 将置入的素材和前面的圆角矩形一同选取，执行菜单"窗口|透明度"命令，在打开的"透明度"面板中单击"制作蒙版"按钮，效果如图9-22所示。

图9-22

12 在"透明度"面板中设置"不透明度"为36%，效果如图9-23所示。

图9-23

13 将制作蒙版后的图像移动到另一圆角矩形上。至此，背景部分制作完成，效果如图9-24所示。

图9-24

包装塑料区域的制作

01 使用"圆角矩形工具"  绘制一个白色的圆角矩形，如图9-25所示。

图9-25

02 执行菜单"效果|风格化|外发光"命令，打开"外发光"对话框，其中的参数值设置如图9-26所示。

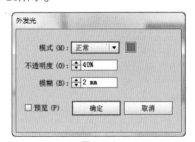

图9-26

03 设置完成后，单击"确定"按钮，效果如图9-27所示。

图9-27

04 在"透明度"面板中设置"不透明度"为43%，效果如图9-28所示。

图9-28

05 再绘制一个小一点的白色圆角矩形，如图9-29所示。

图9-29

06 执行菜单"效果|风格化|外发光"命令，打开"外发光"对话框，其中的参数值设置如图9-30所示。

图9-30

07 执行菜单"效果|风格化|内发光"命令，打开"内发光"对话框，其中的参数值设置如图9-31所示。

图9-31

08 执行菜单"效果|扭曲|海洋波纹"命令，打开"海洋波纹"对话框，其中的参数值设置如图9-32所示。

图9-32

09 此时色彩与头像部分制作完成，效果如图9-33所示。

图9-33

10 在"透明度"面板中设置"不透明度"为80%。至此，本案例包装部分制作完成，效果如图9-34所示。

图9-34

9.4.5 使用Illustrator制作单片湿纸巾包装上的标贴

■ 制作流程

本案例主要使用"文字工具" T 输入文字后创建轮廓，使用"旋转扭曲工具" 将文字图形进行变形处理，插入符号并填充"渐变"色板，具体操作流程如图9-35所示。

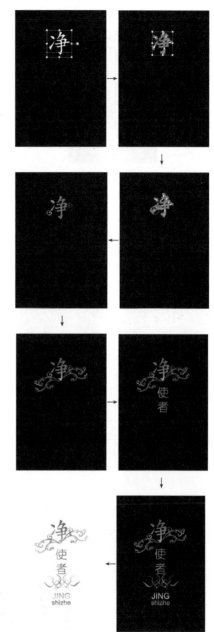

图9-35

■ 技术要点

➢ 新建文档并绘制矩形；

➢ 使用"文字工具"输入文字；

➢ 应用"创建轮廓"命令；

➢ 应用"叶子"色板填充渐变色；

➢ 调整渐变方向；

➢ 插入"绚丽矢量包"符号；

➢ 应用"扩展"命令。

背景的制作

01 新建一个Illustrator CC空白文档，使用"矩形工具"▣绘制一个黑色矩形，如图9-36所示。

图9-36

02 使用"文字工具"T输入白色文字"净"，执行菜单"文字|创建轮廓"命令，将文字转换为图形，如图9-37所示。

图9-37

03 双击"旋转扭曲工具"◉，打开"旋转扭曲工具选项"对话框，设置参数后，单击"确定"按钮。使用"旋转扭曲工具"◉在文字图形的左侧按住鼠标将其进行旋转，效果如图9-38所示。

图9-38

04 双击"旋转扭曲工具"◉，打开"旋转扭曲工具选项"对话框，设置参数后，单击"确定"按钮。使用"旋转扭曲工具"◉在文字图形

的右侧按住鼠标将其进行旋转，效果如图9-39所示。

图9-39

05 执行菜单"窗口|色板库|渐变|叶子"命令，打开"叶子"面板，选择其中的"植物3"渐变色，效果如图9-40所示。

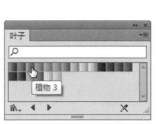

图9-40

06 在"渐变"面板中设置参数，将渐变方向进行更改，效果如图9-41所示。

图9-41

07 执行菜单"窗口|符号库|绚丽矢量包"命令，打开"绚丽矢量包"面板，选择其中的"绚丽矢量包19"符号并将其拖动到文档中，如图9-42所示。

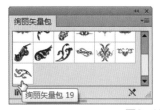

图9-42

图9-45　　　　　图9-46

08 执行菜单"对象|扩展"命令，打开"扩展"对话框，勾选"对象"和"填充"复选框后，单击"确定"按钮，将符号转换为图形，如图9-43所示。

图9-43

12 使用"文字工具" T 输入文字，按Ctrl+Shift+O组合键将文字创建轮廓，再在"叶子"面板中选择"植物3"渐变色，如图9-47所示。

图9-47

09 在"叶子"面板中选择"植物3"渐变色，使用"渐变工具" 在渐变填充的图形上拖动改变渐变方向，如图9-44所示。

图9-44

10 将渐变图形拖动到文字图形的下方，并将其进行旋转，如图9-45所示。

11 复制一个副本，使用"镜像工具" 将其进行翻转并移动到右侧，如图9-46所示。

13 选择"绚丽矢量包"面板中的"绚丽矢量包05"符号并将其拖动到文档中。执行菜单"对象|扩展"命令，将符号转换为图形，在"叶子"面板中选择"植物3"渐变色，如图9-48所示。

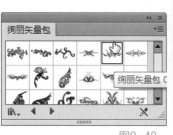

图9-48

14 使用"文字工具" T 输入文字，按Ctrl+Shift+O组合键将文字创建轮廓，再在"叶子"面板中选择"植物3"和"植物9"渐变色，使用"渐变工具" 改变渐变方向，效果如图9-49所示。

图9-49

⑮ 复制一个所有图像的副本并将其移动到右侧，
将黑色背景改为白色。至此，单片湿纸巾包装
上的标贴制作完成，效果如图9-50所示。

图9-50

9.4.6　使用Photoshop合成立体包装

■　制作流程

　　本案例主要利用复制Illustrator中的图形到
Photoshop 中，再设置图层混合模式和"高斯模
糊"效果，为"图层蒙版"添加"倒影"和"阴
影"，具体操作流程如图 9-51所示。

■　技术要点

　　➢　粘贴图像；

　　➢　调出选区；

　　➢　填充颜色；

　　➢　调整不透明度；

　　➢　应用"高斯模糊"滤镜；

　　➢　添加图层蒙版；

　　➢　使用渐变工具编辑蒙版。

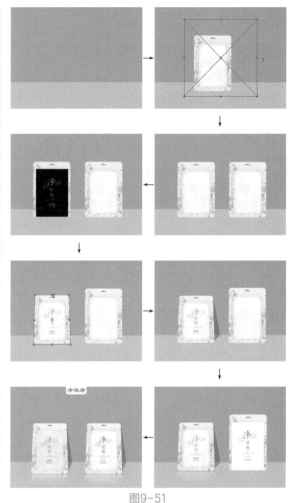

图9-51

■　操作步骤

⓵ 启动Photoshop软件，新建一个空白文档。将背
景填充为粉色，如图9-52所示。

图9-52

⓶ 新建一个图层，使用"矩形工具" ▭ 绘制一个
灰色矩形，如图9-53所示。

图9-53

03 在Illustrator CC中框选制作的包装效果，按Ctrl+C组合键进行复制，在Photoshop CC中按Ctrl+V组合键进行粘贴，弹出"粘贴"对话框，如图9-54所示。

图9-54

04 设置完成后，单击"确定"按钮。右击，在弹出的快捷菜单中选择"自由变换"命令，拖动控制点调整图像，效果如图9-55所示。

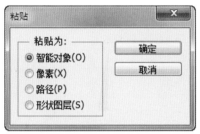

图9-55

05 按Enter键完成粘贴。执行菜单"图层|栅格化|智能对象"命令，将智能对象转换为普通图层，复制一个图像，效果如图9-56所示。

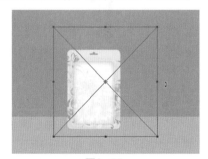

图9-56

06 在Illustrator CC中选择黑色的标贴，按Ctrl+C组合键进行复制，在Photoshop CC中按Ctrl+V组合键进行粘贴，然后将智能对象栅格化，效果如图9-57所示。

图9-57

07 在"图层"面板中设置图层混合模式为"排除"、"不透明度"为67%，效果如图9-58所示。

图9-58

08 将"图层2"和"矢量智能对象"图层一同选取，按Ctrl+E组合键将其合并，如图9-59所示。

图9-59

09 按Ctrl+T组合键调出变换框，按住Ctrl键拖动控制点，将其进行透视处理，效果如图9-60所示。

图9-60

⑩ 调整完成后，按Enter键完成变换。按住Ctrl键
单击"图层2"的缩览图，调出选区，效果如
图9-61所示。

图9-61

⑪ 在"图层2"图层下方新建"图层3"图层，将
选区填充为黑色，如图9-62所示。

图9-62

⑫ 按Ctrl+D组合键取消选区，按Ctrl+T组合键调出
变换框，按住Ctrl键拖动控制点调整变换，效果
如图9-63所示。

图9-63

⑬ 按Enter键完成变换。使用"多边形套索工
具" 绘制选区，按Delete键清除选区内容，
效果如图9-64所示。

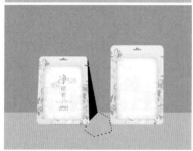

图9-64

⑭ 按Ctrl+D组合键取消选区，执行菜单"滤镜|模
糊|高斯模糊"命令，打开"高斯模糊"对话
框，其中的参数值设置如图9-65所示。

图9-65

⑮ 设置完成后，单击"确定"按钮。在"图层"
面板中设置"不透明度"为25%，效果如
图9-66所示。

图9-66

图9-69

16 复制"图层2"图层，得到一个"图层2拷贝"图层，执行菜单"编辑|变换|垂直翻转"命令，将副本进行垂直翻转并向下移动位置，效果如图9-67所示。

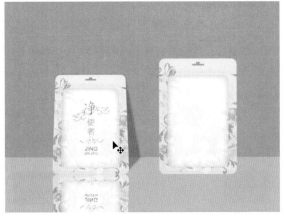

图9-67

19 执行菜单"滤镜|模糊|高斯模糊"命令，打开"高斯模糊"对话框，设置"半径"为4，设置完成后，单击"确定"按钮。在图层"面板"中设置"不透明度"为16%，效果如图9-70所示。

图9-70

17 在"图层"面板中单击"添加图层蒙版"按钮 ，为其添加一个空白图层蒙版，使用"渐变工具" 对图层蒙版进行编辑，效果如图9-68所示。

20 在Illustrator CC中选择黑色的标贴，按Ctrl+C组合键进行复制，在Photoshop CC中按Ctrl+V组合键粘贴，然后将智能对象栅格化，效果如图9-71所示。

图9-68

18 新建一个图层，使用"矩形工具" 绘制一个黑色矩形，如图9-69所示。

图9-71

21 在"图层"面板中设置图层混合模式为"正片叠底"，效果如图9-72所示。

图9-72

22 制作阴影、倒影的方法与左侧的图像相同，最后绘制一个圆角矩形并在上面输入文字。至此，本案例制作完成，效果如图9-73所示。

图9-73

9.5 商业案例——茶叶包装设计

9.5.1 茶叶包装的设计思路

本案例的茶叶包装是金属盒包装，在设计时可以将外形形状作为第一思考点，将包装图像中的内容作为第二思考点，将图像分为上下结构作为第三思考点。

从第一思考点上可以将其设计为一款高档、雅致的可回收不锈钢盒包装，形状上考虑的是以圆柱形作为单体；第二思考点就是包装图像中的内容，上面是山水画，中间是标志，下面是文字说明；第三思考点就是在包装结构上分为了上下结构，上面是包装盒盖，下面是盒身、标志以及文字内容。

根据上面提到的3个思考点，在设计制作时就有了一个框架，只要不是太意外，都能把最终效果大致设计好。本案例是以不锈钢为材质，所以绘制时要以渐变填充不锈钢效果，再在不锈钢材质上加入山水画，以此来设计出一款茶叶包装。

9.5.2 配色分析

既然是茶叶包装，配色中的颜色就不要太多，本案例就是不锈钢色加上红色和黑色来进行整体的搭配，可以让整体画面在配色上有一种干净、高雅的感觉，本案例中的文字部分应用的是红黑对比的方法，这样可以增加文字的反差，提升视觉吸引力，具体配色如图9-74所示。

C:0 M:100 Y:100 K: 0 R:255 G:0 B:0 #FF0000	C: 0 M:0 Y:0 K:10 R:238 G:238 B:239 #EEEEEF	C:0 M:0 Y:0 K:0 R:255 G:255 B:255 #FFFFFF	C:0 M:0 Y:0 K:100 R:51 G:44 B:43 #332C2B

图9-74

9.5.3 构图布局

本案例包装的构图主要分成上下两个部分，在下部又将其分为标志和文字区域，如图9-75所示。

图9-75

9.5.4 使用Illustrator制作茶叶包装

■ 制作流程

本案例主要使用"矩形工具" □ 和"椭圆工具" ○ 绘制矩形和椭圆，使用"路径查找器"面板将矩形和椭圆形进行联集处理，在"金属"面板中填充"铬"渐变色，插入符号后转换成图形，将其填充渐变色，输入文字，具体操作流程如图9-76所示。

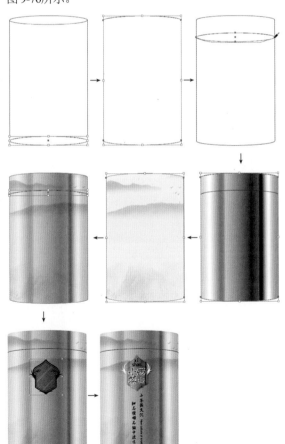

图9-76

■ 技术要点

- ➤ 绘制矩形和椭圆形；
- ➤ 使用"路径查找器"中的"联集"；
- ➤ 填充"金属"渐变色；
- ➤ 应用"剪切蒙版"；
- ➤ 调整"不透明度"；
- ➤ 输入文字。

■ 操作步骤

包装盒制作

01 启动Illustrator CC软件，新建一个空白文档。使用"矩形工具" □ 根据茶叶包装的特点绘制一个矩形，效果如图9-77所示。

图9-77

02 使用"椭圆工具" ○ 分别在顶端和底端绘制两个椭圆形，如图9-78所示。

图9-78

03 将两个椭圆形和矩形一同选取，执行菜单"窗口|路径查找器"命令，打开"路径查找器"面板，单击"联集"按钮 □ ，将其变为一个合并对象，如图9-79所示。

图9-79

04 使用"椭圆工具" 在合并图形上绘制一个椭圆形，如图9-80所示。

图9-80

05 使用"路径橡皮擦工具" 擦除椭圆形下半部分，效果如图9-81所示。

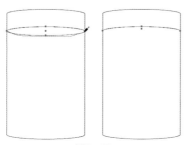

图9-81

06 选择后面的合并对象复制一个副本备用，执行菜单"窗口|色板库|渐变|金属"命令，打开"金属"面板，选择"铬"渐变色，效果如图9-82所示。

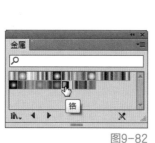

图9-82

07 置入"山水.jpg"素材文件，将其调整到联集图形副本的后面，效果如图9-83所示。

图9-83

08 选择联集图形副本和置入的素材，执行菜单"对象|剪切蒙版|建立"命令，并在"透明度"面板中设置"不透明度"为44%，效果如图9-84所示。

图9-84

09 将创建剪切蒙版后的对象移动到渐变背景图形上，将中间的线条调整到最上层，效果如图9-85所示。

图9-85

10 将线条描边色设置为灰色，按Ctrl+C组合键进行复制，再按Ctrl+F组合键将副本粘贴到前面，效果如图9-86所示。

图9-86

11 将副本描边色设置为黑色，取消联集图形的描边色，此时包装区域制作完成，效果如图9-87所示。

图9-87

茶叶标志及文字区域的制作

01 执行菜单"窗口|符号库|至尊矢量包"命令,打开"至尊矢量包"面板,选择其中的"至尊矢量包11"符号并将其拖动到图像上,如图9-88所示。

图9-88

02 执行菜单"对象|扩展"命令,打开"扩展"对话框,勾选"对象"和"填充"复选框后,单击"确定"按钮,将符号转换为图形,如图9-89所示。

图9-89

03 在"金属"面板中选择"铬"渐变色,效果如图9-90所示。

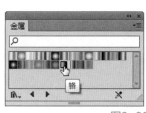

图9-90

04 执行菜单"效果|风格化|投影"命令,打开"投影"对话框,其中的参数值设置如图9-91所示。

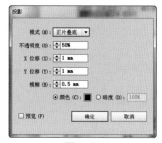

图9-91

05 设置完成后,单击"确定"按钮,效果如图9-92所示。

图9-92

06 使用"文字工具" T 在上面输入文字。至此,本案例制作完成,效果如图9-93所示。

图9-93

9.5.5 使用Photoshop制作茶叶包装立体效果

■ 制作流程

本案例主要利用"渐变工具" ▣ 填充渐变色,复制副本后变换图像,绘制矩形并应用"高斯模糊"滤镜来制作背景。粘贴包装后新建图层填充黑色,创建图层蒙版并使用"渐变工具" ▣ 编辑图层蒙版来制作阴影,具体操作流程如图 9-94 所示。

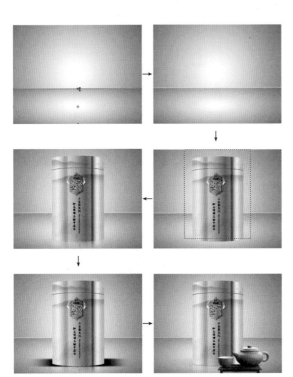

图9-94

变换框，拖动控制点将图像缩小，效果如图9-96所示。

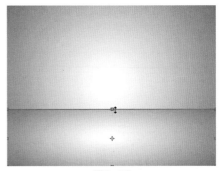

图9-96

■ 技术要点

> 使用"渐变工具"填充渐变色；

> 复制图层进行变换；

> 新建图层并绘制矩形；

> 应用"高斯模糊"滤镜；

> 调整图层顺序；

> 复制图像，垂直翻转后创建图层蒙版；

> 绘制矩形并添加图层蒙版；

> 使用"渐变工具"编辑蒙版；

> 调整"不透明度"。

■ 操作步骤

01 启动Photoshop CC软件，新建一个空白文档。使用"渐变工具" ▣ 填充从淡灰色到灰色的径向渐变，效果如图9-95所示。

图9-95

02 复制一个"背景"图层，按Ctrl+T组合键调出

03 按Enter键完成变换。新建一个"图层1"图层，使用"矩形工具" ▣ 绘制一个白色矩形，如图9-97所示。

图9-97

04 执行菜单"滤镜|模糊|高斯模糊"命令，打开"高斯模糊"对话框，其中的参数值设置如图9-98所示。

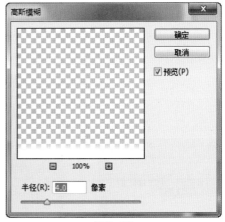

图9-98

05 设置完成后，单击"确定"按钮。将"图层1"图层调整到"背景 拷贝"图层的下面，效果如图9-99所示。

中文版Photoshop+Illustrator商业案例项目设计完全解析

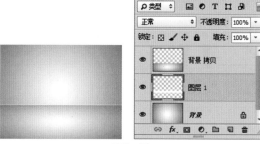

图9-99

06 在Illustrator CC中选择刚刚绘制的包装，按Ctrl+C组合键进行复制，再在Photoshop CC中选中"背景 拷贝"图层，按Ctrl+V组合键进行粘贴，弹出"粘贴"对话框，选中"像素"单选按钮，如图9-100所示。

图9-100

07 设置完成后，单击"确定"按钮，效果如图9-101所示。

图9-101

08 新建一个"图层3"图层，按住Ctrl键单击"图层2"图层的缩览图，调出选区后，将其填充为黑色，效果如图9-102所示。

图9-102

09 按Ctrl+D组合键取消选区，使用"矩形选框工具" 绘制一个矩形选区，按Delete键去掉选区内容，如图9-103所示。

图9-103

10 按Ctrl+D组合键取消选区，执行菜单"滤镜|模糊|高斯模糊"命令，打开"高斯模糊"对话框，设置"半径"为3.0像素，单击"确定"按钮，效果如图9-104所示。

图9-104

11 复制"图层2"图层，得到一个"图层2拷贝"图层，执行菜单"编辑|变换|垂直翻转"命令，将图像进行翻转并调整位置，如图9-105所示。

图9-105

12 在"图层"面板中单击"添加图层蒙版"按钮 ，为其添加一个空白图层蒙版，使用"渐变

工具"📝对图层蒙版进行编辑，效果如图9-106
所示。

图9-106

13 新建一个图层，使用"矩形工具"🔲绘制一个
黑色矩形，执行菜单"滤镜|模糊|高斯模糊"命
令，打开"高斯模糊"对话框，设置"半径"
为3.0像素，单击"确定"按钮，效果如图9-107
所示。

图9-107

14 在"图层"面板中单击"添加图层蒙版"按
钮💧，为图层添加一个空白蒙版，将"前景
色"设置为黑色，使用"渐变工具"🔲填充
从前景色到透明的渐变色，如图9-108所示。

图9-108

15 在"图层"面板中设置"不透明度"为6%，效
果如图9-109所示。

图9-109

16 打开附带的"茶壶"素材文件，将其拖动到当
前文档中并调整大小和位置。至此，本案例制
作完成，效果如图9-110所示。

图9-110

9.6 优秀作品欣赏

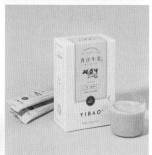

本章重点：

> 网页设计的概述与应用
> 网页设计中的布局分类形式
> 网页的设计制作要求
> 网页配色概念

> 网页安全色
> 商业案例——个人艺术网页
> 商业案例——旅游网页
> 优秀作品欣赏

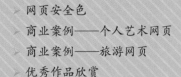

本章主要从网页设计的分类、制作要求、配色等方面着手，介绍网页设计的相关知识与应用，并通过相应的网页界面设计案例，引导读者理解网页设计的应用以及制作方法，使读者能够快速掌握网页设计的方法与应用形式。

10.1 网页设计的概述与应用

网页的页面设计主要讲究的是页面的布局，也就是将各种网页构成要素（文字、图像、图表、菜单等）在网页的浏览器中有效地排列起来。在设计网页时，需要从整体上把握好各种要素的布局，利用好表格或网格进行辅助设计。只有充分地利用、有效地分割有限的页面空间、创造出新的空间，并使其布局合理，才能制作出好的网页.

网页是当今企业作为宣传和营销的一种重要手段，作为上网的主要依托，由于人们频繁地使用网络，使网页变得越来越重要，网页设计也得到了发展。网页效果是提供一种布局合理、视觉效果突出、功能强大、使用更方便的界面给每一个浏览者，使他们能够愉快、轻松、快捷地了解网页所提供的信息，如图10-1所示。

图10-1

图10-1（续）

10.2 网页设计中的布局分类形式

设计网页时常用的版式有单页和分栏两种，在设计时需要根据不同的网站性质和页面内容选择合适的布局形式，通过不同的页面布局形式可以将常见的网页分为以下几种类型。

1. "国"字形

这种结构是网页上使用最多的一种结构类型，是综合性网站常用的版式，即最上面是网站的标题以及横幅广告条，接下来就是网站的主要内容，左右分列小条内容，通常情况下左侧是主菜单，右侧放友情链接等次要内容，中间是主要内容，与左右一起罗列到底，最底端是网站的一些基本信息、联系方式、版权声明等。这种版面的优点是页面饱满、内容丰富、信息量大；缺点是页面拥挤、不够灵活，如图10-2所示。

图10-2

2. 拐角型

拐角型又称T字形布局，这种结构和上一种只是形式上的区别，其实是很相近的，就是网页上边和左右两边相结合的布局，通常右边为主要内容，占比例较大。在实际运用中还可以改变T字形布局的形式，如左右两栏式布局，一半是正文，另一半是形象的图像或导航栏。这种版面的优点是页面结构清晰、主次分明，易于使用；缺点是规矩呆板，如果细节色彩上不到位，很容易让人"看之无味"，如图10-3所示。

图10-3

3. 标题正文型

这种类型即上面是标题，下面是正文，一些文章页面或注册页面多属于此类型，如图10-4所示。

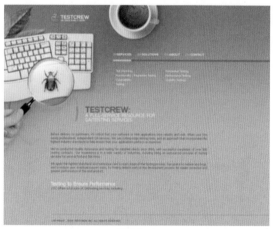

图10-4

4. 左右框架型

这是一种分为左右布局的网页，页面结构非常清晰，一目了然，如图10-5所示。

5. 上下框架型

与左右框架型类似，区别仅仅在于上下框架型是一种将页面分为上下结构布局的网页，如图10-6所示。

199

图10-5

图10-6

6. 综合框架型

综合框架型网页是一种将左右框架型与上下框架型相结合的网页结构布局方式，如图10-7所示。

图10-7

7. 封面创意型

这种类型的页面设计一般很精美，通常出现在时尚类网站、企业网站或个人网站的首页，优点显而易见，美观吸引人；缺点是速度慢，如图10-8所示。

图10-8

8. HTML 5型

HTML 5型是目前非常流行的一种页面形式，由于HTML 5功能的强大，页面所表达的信息更加丰富，且视觉效果出众，如图10-9所示。

图10-9

10.3 网页的设计制作要求

页面设计通过文字图像的空间组合，表达出和谐与美。在设计过程中一定要根据内容的需要，合理地将各类元素按次序编排，使它们组成一个有机的整体，展现给广大的观众。因此在设计中可以依据以下几条原则。

➢ 根据网页主题内容确定版面结构。

➢ 有共性，才有统一，有细节区别，就有层次，做到主次分明，中心突出。

➢ 防止设计与实现过程中的偏差，不要定死具体要放多少条信息。

➢ 设计的部分要配合整本风格，不仅页面上各项设计要统一，而且网站的各级别页面也要统一。

➢ 页面要"透气"，就是信息不要太过集中，以免文字编排太紧密，可适当留一些空白。但要根据平面设计原理来设计，比如分栏式结构就不宜留白。

➢ 图文并茂，相得益彰。注重文字和图片的互补视觉关系，相互衬托，增强页面活跃性。

➢ 充分利用线条和形状，增强页面的艺术魅力。

➢ 还要考虑到浏览器上部占用的屏幕空间，防止图片截断等造成视觉效果不好。

网页类型设计者可以根据实际情况决定，可以是商业网站、文化娱乐网站、电影网站或个人网站等。

设计时依据平面设计基本原理，巧妙安排构成要素进行页面的形式结构的设计，要求主题鲜明、布局合理、图文并茂、色彩和谐统一，设计需要能够体现独创性和艺术性。

10.4 网页配色概念

在配色的过程中，要注意"网页配色"与"页面布局"的一致性，因为配色只是一种辅助及参考，以"专业"特质为配色效果来看，要随着不同的页面布局，而适当地针对配色效果中的某个颜色来加以修正，如果执着于书籍中的配色方式，有可能会得到反效果。所以在配色时要随着调整页面布局的步骤一起进行，这样才可使得页面效果更尽善尽美，在配色中可以按照以下几种配色方式来完成网页的色彩配色。

1. 冷色系

冷色系给人专业、稳重、清凉的感觉，蓝色，绿色，紫色都属于冷色系，如图10-10所示。

图10-10

2. 暖色系

暖色系带给人较为温馨的感觉，由太阳颜色衍生出来的颜色，红色和黄色都属于暖色系，如图10-11所示。

图10-11

3. 色彩鲜艳强烈

色彩鲜艳强烈的配色会带给人较有活力的感觉，如图10-12所示。

图10-12

4. 中性色

中性色就是黑、白、灰3种颜色。适用于与任何色系相搭配，给人的感觉是简洁、大气、高端等，如图10-13所示。

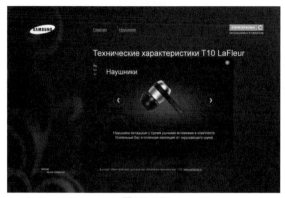

图10-13

10.5 网页安全色

说到"网页安全色"就要从网络的历史谈起，在早期浏览器刚发展时，大部分的计算机还只是256色模式的显示环境，而在此模式中的Internet Explorer及Netscape两种浏览器无法在画面上呈现相同的颜色，也就是有些颜色在Internet Explorer中看得到，而在Netscape中则看不到。为了避免网页图像在设计时的困扰，就有人将这256色里，无论是在Internet Explorer或是Netscape都能正常显示的颜色找出来，而其颜色数就是216色，因此一般都称之为"216网页安全色"，不过由于现今的显示器都是全彩模式，所以各位也不一定要谨守216色的限制。

另外，使用于页面上的颜色值是采用16进制位的方式，也就是颜色值范围会从RGB模式中的0～255变为00～FF。以红色为例，在美工软件中的颜色值为255、0、0，改成16进制位后会变为#FF0000，如图10-14所示。

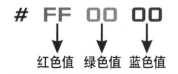

图10-14

不过屏幕上的显示结果与印刷效果多少会有点出入，所以还是要以浏览器上的显示结果为主，而这个色卡就作为设计时的参考，如图10-15所示。

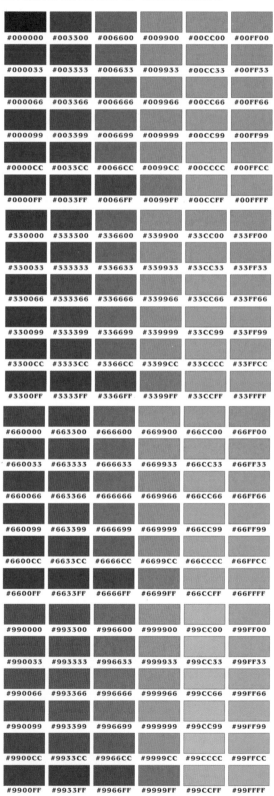

#000000	#003300	#006600	#009900	#00CC00	#00FF00
#000033	#003333	#006633	#009933	#00CC33	#00FF33
#000066	#003366	#006666	#009966	#00CC66	#00FF66
#000099	#003399	#006699	#009999	#00CC99	#00FF99
#0000CC	#0033CC	#0066CC	#0099CC	#00CCCC	#00FFCC
#0000FF	#0033FF	#0066FF	#0099FF	#00CCFF	#00FFFF
#330000	#333300	#336600	#339900	#33CC00	#33FF00
#330033	#333333	#336633	#339933	#33CC33	#33FF33
#330066	#333366	#336666	#339966	#33CC66	#33FF66
#330099	#333399	#336699	#339999	#33CC99	#33FF99
#3300CC	#3333CC	#3366CC	#3399CC	#33CCCC	#33FFCC
#3300FF	#3333FF	#3366FF	#3399FF	#33CCFF	#33FFFF
#660000	#663300	#666600	#669900	#66CC00	#66FF00
#660033	#663333	#666633	#669933	#66CC33	#66FF33
#660066	#663366	#666666	#669966	#66CC66	#66FF66
#660099	#663399	#666699	#669999	#66CC99	#66FF99
#6600CC	#6633CC	#6666CC	#6699CC	#66CCCC	#66FFCC
#6600FF	#6633FF	#6666FF	#6699FF	#66CCFF	#66FFFF
#990000	#993300	#996600	#999900	#99CC00	#99FF00
#990033	#993333	#996633	#999933	#99CC33	#99FF33
#990066	#993366	#996666	#999966	#99CC66	#99FF66
#990099	#993399	#996699	#999999	#99CC99	#99FF99
#9900CC	#9933CC	#9966CC	#9999CC	#99CCCC	#99FFCC
#9900FF	#9933FF	#9966FF	#9999FF	#99CCFF	#99FFFF

图10-15

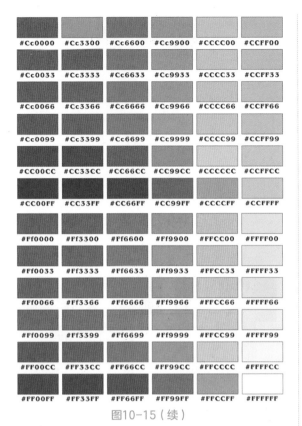

#Cc0000	#Cc3300	#Cc6600	#Cc9900	#CCCC00	#CCFF00
#Cc0033	#Cc3333	#Cc6633	#Cc9933	#CCCC33	#CCFF33
#Cc0066	#Cc3366	#Cc6666	#Cc9966	#CCCC66	#CCFF66
#Cc0099	#Cc3399	#Cc6699	#Cc9999	#CCCC99	#CCFF99
#CC00CC	#CC33CC	#CC66CC	#CC99CC	#CCCCCC	#CCFFCC
#CC00FF	#CC33FF	#CC66FF	#CC99FF	#CCCCFF	#CCFFFF
#Ff0000	#Ff3300	#Ff6600	#Ff9900	#FFCC00	#FFFF00
#Ff0033	#Ff3333	#Ff6633	#Ff9933	#FFCC33	#FFFF33
#Ff0066	#Ff3366	#Ff6666	#Ff9966	#FFCC66	#FFFF66
#Ff0099	#Ff3399	#Ff6699	#Ff9999	#FFCC99	#FFFF99
#FF00CC	#FF33CC	#FF66CC	#FF99CC	#FFCCCC	#FFFFCC
#FF00FF	#FF33FF	#FF66FF	#FF99FF	#FFCCFF	#FFFFFF

图10-15（续）

★★★★ 10.6 商业案例——个人艺术网页

10.6.1 个人艺术网页的设计思路

个人艺术网页，就是为自己制作的一个网页，内容方面是与艺术效果相呼应的。

本案例是一个个人网页，在页面中直接引用了

一张调整后的人物图片，以此作为整个网页的第一视觉点，其他区域是以矩形组成布局构图，整体上给人的感觉就是简洁并且带有一些神秘感，本作品的此种设计正好符合个人类型网页的设计风格。

10.6.2 配色分析

本案例中以灰白渐变作为整个网页的背景色，除了图像以外，其他配色应用的几乎都是中性色，这样做的好处是可以将任何的颜色与之相配，色彩简单可以让个人网页看起来更加便于记忆，主要配色如图10-16所示。

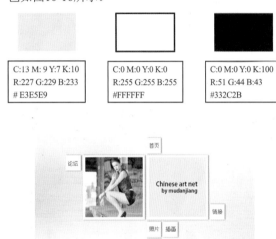

C:13 M: 9 Y:7 K:10	C:0 M:0 Y:0 K:0	C:0 M:0 Y:0 K:100
R:227 G:229 B:233	R:255 G:255 B:255	R:51 G:44 B:43
# E3E5E9	#FFFFFF	#332C2B

图10-16

10.6.3 构图布局

本案例中的网页在布局上属于封面型，风格上属于简洁风格，整个画面在布局上以中心两个大矩形为准，依次绘制一些小矩形分散到大矩形的周围，起到平衡视觉画面的作用，如图10-17所示。

图10-17

203

10.6.4 使用Photoshop将网页素材进行调整

■ 制作流程

本案例主要使用"矩形选框工具" ▣ 对图像进行正方形裁剪，再使用"快速选择工具" ✐ 在人物衣服上创建选区，创建"黑白"属性图层后，应用"画笔工具" ✐ 对蒙版进行编辑，具体操作流程如图 10-18 所示。

图10-18

■ 技术要点
> 使用"矩形选框工具"创建正方形选区；
> 使用"裁剪"命令裁切图像；
> 使用"快速选择工具"创建选区；
> 添加"黑白"调整属性面板；
> 使用"画笔工具"编辑蒙版。

■ 操作步骤

① 启动Photoshop CC软件，打开附带的"人物.jpg"素材文件，如图10-19所示。

图10-19

② 使用"矩形选框工具" ▣ 在素材中的人物上创建一个正方形选区，执行菜单"图像|裁剪"命令，按矩形选区将图像进行裁切，如图10-20所示。

图10-20

③ 按Ctrl+D组合键取消选区，使用"快速选择工具" ✐ 在人物的衣服上进行拖动，为其创建选区，创建选区时随时改变画笔大小，如图10-21所示。

图10-21

▶ 温馨提示

输入法为英文状态时，按键盘上的[键可以缩小画笔笔触、按键盘上的]键可以放大画笔笔触。

④ 按Ctrl+Shift+I组合键将选区反选，单击"图层"面板上的"创建新的填充或调整图层"按钮 ◑.，在弹出的下拉菜单中选择"黑白"命令，如图10-22所示。

图10-22

05 选择"黑白"命令后，打开"黑白"的"属性"面板，设置各选项参数后，效果如图10-23所示。

R:104 G:83 B:34

图10-23

06 选择蒙版缩览图，将"前景色"设置为黑色，使用"画笔工具" 在人物的嘴唇上进行涂抹，将嘴唇恢复原来的颜色，效果如图10-24所示。

图10-24

07 再使用"画笔工具" 在人物衣服中没有颜色的区域进行涂抹，效果如图10-25所示。将其进行存储以备后用。

图10-25

10.6.5 使用Photoshop为网页制作背景

■ 制作流程

　　本案例主要使用"渐变工具" 填充自定义渐变色，应用"铜版雕刻"和"动感模糊"滤镜，设置图层混合模式后完成背景制作，具体操作流程如图10-26所示。

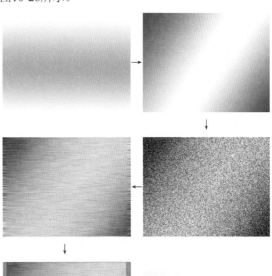

图10-26

■ 技术要点

> 使用"渐变编辑器"自定义渐变色；

> 使用"渐变工具"填充渐变色；

> 应用"铜版雕刻"滤镜；

> ➢ 应用"动感模糊"滤镜;
> ➢ 设置图层混合模式为"滤色"。

■ 操作步骤

01 在Photoshop CC中新建一个空白文档。选择"渐变工具" 后,单击"点按可编辑渐变"图标,打开"渐变编辑器"对话框,设置渐变色,如图10-27所示。

图10-27

02 设置完成后,单击"确定"按钮,使用"渐变工具" 从上向下拖动鼠标,为背景填充线性渐变,效果如图10-28所示。

图10-28

03 新建一个图层,选择"渐变工具" 后,单击"点按可编辑渐变"图标,打开"渐变编辑器"对话框,设置渐变色,如图10-29所示。

图10-29

04 设置完成后,单击"确定"按钮。使用"渐变工具" 从左上角向右下角拖动鼠标,为图层填充"线性渐变",效果如图10-30所示。

图10-30

05 执行菜单"滤镜|像素化|铜版雕刻"命令,打开"铜版雕刻"对话框,设置"类型"为"精细点",如图10-31所示。

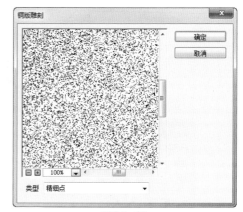

图10-31

06 设置完成后,单击"确定"按钮,效果如图10-32所示。

图10-32

07 执行菜单"滤镜|模糊|动感模糊"命令,打开"动感模糊"对话框,其中的参数值设置如图10-33所示。

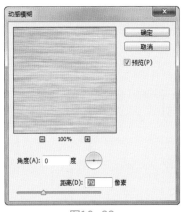

图10-33

08 设置完成后，单击"确定"按钮，效果如图10-34所示。

图10-34

09 使用"矩形选框工具"绘制一个矩形选区，按Ctrl+T组合键调出变换框，拖动控制点将选区内的图像拉宽，效果如图10-35所示。

图10-35

10 按Enter键完成变换。按Ctrl+D组合键取消选区，设置图层混合模式为"滤色"。至此，背景制作完成，效果如图10-36所示。将其进行存储以备后用。

图10-36

10.6.6 使用Illustrator设计制作个人艺术网页

■ 制作流程

本案例主要利用"矩形工具" ▣在置入的背景素材上绘制矩形，群组后为其添加"投影"效果，置入照片，调整大小并移动位置，再绘制矩形并调整"不透明度"，最后输入文字，具体操作流程如图10-37所示。

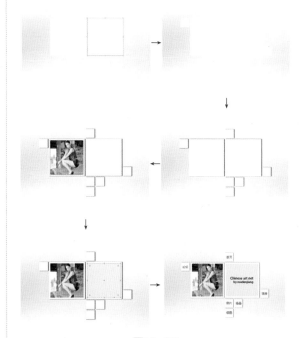

图10-37

■ 技术要点

➢ 使用"置入"命令置入素材；
➢ 使用"矩形工具"绘制矩形；
➢ 群组矩形；
➢ 添加"投影"图层样式；
➢ 设置"不透明度"；
➢ 输入文字。

■ 操作步骤

01 启动Illustrator CC软件，新建一个空白文档。执行菜单"文件|置入"命令，置入Photoshop CC制作的背景，如图10-38所示。

图10-38

02 使用"矩形工具" ▣ 绘制两个大小相等的白色矩形，如图10-39所示。

图10-39

03 使用"矩形工具" ▣ 在白色矩形周围绘制5个白色小矩形，如图10-40所示。

图10-40

04 将白色矩形全部选取，按Ctrl+G组合键将其群组。执行菜单"效果|风格化|投影"命令，打开"投影"对话框，其中的参数值设置如图10-41所示。

投影

模式 (M)：	正片叠底 ▼
不透明度 (O)：	75%
X 位移 (X)：	2 pt
Y 位移 (Y)：	0 pt
模糊 (B)：	1 pt

◉ 颜色 (C)： ■   ○ 暗度 (D)： 100%

☐ 预览 (P)   确定   取消

图10-41

05 设置完成后，单击"确定"按钮，效果如图10-42所示。

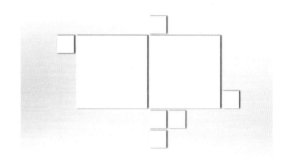

图10-42

06 置入Photoshop CC制作的调整照片，拖动控制点将其缩小并移动到左侧的大矩形上，如图10-43所示。

图10-43

07 使用"矩形工具" ▣ 绘制一个与照片大小一致的矩形，将其拖动到右侧的大矩形上，如图10-44所示。

图10-44

08 在"透明度"面板中设置"不透明度"为18%，效果如图10-45所示。

图10-45

09 最后使用"文字工具" ⊤ 分别在每个矩形上输入文字。至此，本案例制作完成，效果如图10-46所示。

图10-46

10.7.1 旅游网页的设计思路

一个与旅游公司相辅相成的优秀网站，能够大大提升该旅行公司的出行率，出色的网页首页界面，可以让该公司在同类型的网站中脱颖而出。

在设计制作网页之前要先了解客户的需求，根据客户的需求制作出贴合实际的网页效果。

旅游网页要突出网站的主题内容，本网页是一张旅游公司的网页首页，所以在设计时一定要富有吸引力和视觉穿透力，图片特质要鲜明、醒目，并突出旅游景点的特质，以此来达到平台的推广和旅游公司的宣传目的。本案例中第一视觉点是手机中显示的画面，运用了海边图像与中性色文字、底纹、边框的对比，添加的内容不会抢走画面的主题内容，以此来辅助图像进行进一步的说明和指引。

10.7.2 配色分析

本案例中的配色以海的青色为主，也就是所有的设计都围绕图像本身的色彩来进行。其中的中性色包含黑色、白色和灰色。中性色指的是由黑、白相混合组成的不同灰度的灰色系列，此颜色在光的色谱中是不能被看到的，所以被称为中性色，也称为无色彩。

本案例中将彩色区域作为辅助配色，可以让此页面看起来有一种活力、大气的感觉，给浏览者留下深刻的印象，如图10-47所示。

| C:69 M:4 Y:1 K:0 R:81 G:181 B:210 #51B5D2 | C:42 M:31 Y:30 K:12 R:132 G:132 B:125 #84847D | C:0 M:0 Y:0 K:0 R:255 G:255 B:255 #FFFFFF | C:0 M:0 Y:0 K:100 R:51 G:44 B:43 #332C2B |

★★★★ 10.7 商业案例——旅游网页

图10-47

10.7.3　构图布局

本案例中的网页在布局上属于封面创意型，风格上属于简洁有内容的类型，整个画面在布局上以中上侧为重，加上修饰的文字、图形，使整个画面看起来非常丰满，格局上也非常对称，如图10-48所示。

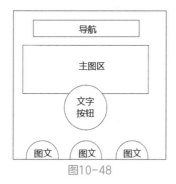

图10-48

10.7.4　使用Illustrator绘制手机正面

■　制作流程

本案例主要使用"矩形工具" ▣ 绘制矩形后将其调整为圆角矩形，或者直接使用"圆角矩形工具" ▣ 绘制圆角矩形，将选择的对象创建混合效果，再为绘制的正圆形填充渐变，为圆角矩形调整"不透明度"，具体操作流程如图10-49所示。

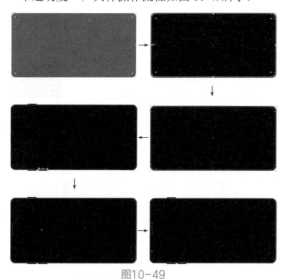

图10-49

■　技术要点

➢　新建文档；

➢　使用"矩形工具"绘制矩形；

➢　将矩形调整为圆角矩形；

➢　使用"混合"命令创建混合效果；

➢　填充渐变色；

➢　调整"不透明度"。

■　操作步骤

01 启动Illustrator CC软件，新建一个空白文档。使用"矩形工具" ▣ 在页面中绘制一个灰色的矩形，拖动圆角控制点将矩形调整为圆角矩形，效果如图10-50所示。

图10-50

02 按Ctrl+C组合键进行复制，再按Ctrl+F组合键将副本粘贴到前面，将副本填充黑色后，使用"选择工具" ▶ 将副本缩小，如图10-51所示。

图10-51

03 框选两个圆角矩形后，执行菜单"对象|混合|建立"命令或按Ctrl+Shift+B组合键，将两个圆角矩形创建混合效果，如图10-52所示。

图10-52

04 使用"圆角矩形工具" ▣ 在页面中绘制一个灰色圆角矩形，按Ctrl+C组合键进行复制，再按Ctrl+F组合键将副本粘贴到前面，将副本填充黑色后，使用"选择工具" ▶ 将副本缩小，如图10-53所示。

图10-53

05 框选两个圆角矩形后，执行菜单"对象|混合|建立"命令或按Ctrl+Shift+B组合键，将两个圆角矩形创建混合效果，如图10-54所示。

图10-54

06 选择刚刚创建混合后的对象将其移动到大圆角矩形上，按Ctrl+[组合键将其调整到大圆角矩形后面，效果如图10-55所示。

图10-55

07 按住Alt键同时拖动小圆角矩形到底部，释放鼠标复制一个副本，效果如图10-56所示。

图10-56

08 再复制一个副本向右移动，效果如图10-57所示。

图10-57

09 使用"圆角矩形工具" ⬜ 在大圆角矩形上绘制一个竖条圆角矩形，效果如图10-58所示。

图10-58

10 执行菜单"窗口|透明度"命令，打开"透明度"面板，设置"不透明度"为30%，效果如图10-59所示。

图10-59

11 使用"椭圆工具" ⬛ 在竖条圆角矩形的下方绘制一个灰色正圆形，效果如图10-60所示。

图10-60

12 复制正圆形并将其缩小，执行菜单"窗口|色板库|渐变|色谱"命令，打开"色谱"面板，选择"暗色色谱"，效果如图10-61所示。

图10-61

13 执行菜单"窗口|渐变"命令，打开"渐变"面板，设置参数如图10-62所示。

图10-62

14 设置"不透明度"为29%。至此,手机部分绘制完成,效果如图10-63所示。

图10-63

10.7.5 使用Photoshop设计制作旅游网页

■ 制作流程

本案例主要利用"径向模糊"滤镜为图像添加模糊,置入素材创建图层蒙版和剪贴蒙版,绘制形状后调整不透明度,然后分别添加"描边"样式和"描边"命令,具体流程如图 10-64所示。

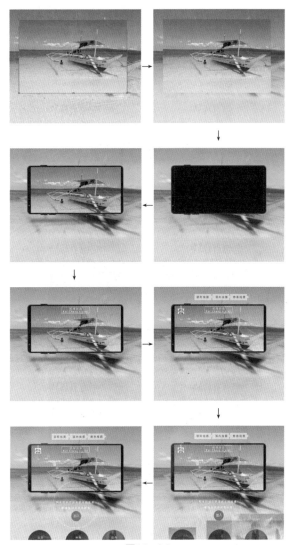

图10-64

■ 技术要点

> 粘贴素材;

> 使用"矩形工具"绘制矩形;

> 调整"不透明度";

> 创建"剪贴蒙版";

> 应用图层样式;

> 应用选区"描边";

> 添加图层蒙版;

> 应用"径向模糊"滤镜;

> 应用"镜头光晕"滤镜。

■ 操作步骤

背景及手机区制作

01 启动Photoshop CC软件,新建一个空白文档。打开附带的"风景.jpg"素材文件,将图像拖动到新建文档中,如图10-65所示。

图10-65

02 按Ctrl+J组合键复制一个图层，按Ctrl+T组合键调出变换框，拖动控制点调整副本图像大小，如图10-66所示。

图10-66

03 按Enter键完成变换。选择"图层1"图层，执行菜单"滤镜|模糊|径向模糊"命令，打开"径向模糊"对话框，其中的参数值设置如图10-67所示。

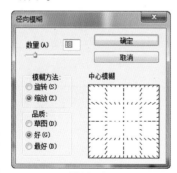

图10-67

04 设置完成后，单击"确定"按钮，效果如图10-68所示。

图10-68

05 单击"创建新的填充或调整图层"按钮 ，在弹出的下拉菜单中选择"色相/饱和度"命令，打开"色相/饱和度"的"属性"面板，调整参数后，效果如图10-69所示。

图10-69

06 在Illustrator CC中选择绘制的手机，按Ctrl+C组合键，将其进行复制，在Photoshop CC中按Ctrl+V组合键，在弹出的"粘贴"对话框中选中"智能对象"单选按钮，如图10-70所示。

图10-70

07 单击"确定"按钮，会将手机直接以智能对象的方式进行粘贴，效果如图10-71所示。

图10-71

08 隐藏"图层1拷贝"图层，使用"矩形选框工具" ⬚ 在手机屏幕上绘制一个矩形选区，效果如图10-72所示。

图10-72

09 显示"图层1拷贝"图层，单击"添加图层蒙版"按钮 ⬚，为选区添加一个图层蒙版，效果如图10-73所示。

图10-73

10 新建一个图层，使用"矩形工具" ⬚ 绘制一个黑色矩形，如图10-74所示。

图10-74

11 执行菜单"滤镜|模糊|高斯模糊"命令，打开"高斯模糊"对话框，其中的参数值设置如图10-75所示。

图10-75

12 设置完成后，单击"确定"按钮。在"图层"面板中设置"不透明度"为49%，效果如图10-76所示。

图10-76

13 新建一个图层，使用"多边形套索工具" ⬚ 在屏幕画面上绘制一个封闭选区，将其填充为白色，设置"不透明度"为23%，效果如图10-77所示。

图10-77

14 按Ctrl+D组合键取消选区。新建一个图层，使用"矩形工具" ⬚ 绘制一个白色矩形，效果如图10-78所示。

图10-78

15 执行菜单"图层|图层样式|描边"命令，打开

"图层样式"对话框，勾选"描边"复选框，其中的参数值设置如图10-79所示。

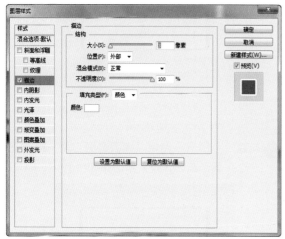

图10-79

16 设置完成后，单击"确定"按钮。在"图层"面板中设置"填充"为0，效果如图10-80所示。

图10-80

17 使用"横排文字工具" T 在矩形框内输入白色文字，效果如图10-81所示。

图10-81

18 新建一个图层，使用"矩形工具" ■ 绘制一个白色矩形，使用"横排文字工具" T 输入文

字。至此，手机及背景区域制作完成，效果如图10-82所示。

图10-82

导航及修饰区域的制作

01 新建一个图层，使用"矩形工具" ■ 绘制一个白色矩形，如图10-83所示。

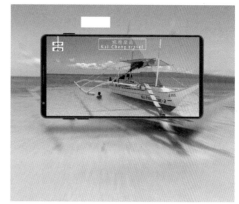

图10-83

02 新建一个图层，使用"多边形工具" ■ 在页面中绘制一个白色三角形，效果如图10-84所示。

图10-84

03 移动三角形位置，再将矩形和三角形所在的图层一同选取，按Ctrl+E组合键将两个图层合并，设置"不透明度"为57%，效果如图10-85所示。

图10-85

④ 复制一个副本，将其向右拖动，效果如图10-86
所示。

图10-86

⑤ 按住Ctrl键单击"图层6"图层的缩览图调出选
区，按Delete键清除选区内容，效果如图10-87
所示。

图10-87

⑥ 按Ctrl+D组合键取消选区，再复制一个副本，
使用"横排文字工具" T 输入文字，效果如
图10-88所示。

图10-88

⑦ 新建一个图层，使用"椭圆选框工具" 绘制
一个正圆形选区，效果如图10-89所示。

图10-89

⑧ 执行菜单"编辑|描边"命令，打开"描边"对
话框，其中的参数值设置如图10-90所示。

图10-90

⑨ 设置完成后，单击"确定"按钮。按Ctrl+D组
合键取消选区，效果如图10-91所示。

图10-91

⑩ 复制两个副本并移动位置后，设置"不透明

度"为36%，效果如图10-92所示。

图10-92

11 新建一个图层，使用"椭圆工具" 绘制一个黑色正圆形，设置"不透明度"为39%，效果如图10-93所示。

图10-93

12 使用"横排文字工具" T 输入文字，效果如图10-94所示。

图10-94

13 使用"椭圆工具" 在底部绘制3个灰色正圆形，效果如图10-95所示。

图10-95

14 打开附带的"风景2.jpg""风景3.jpg""风景4.jpg"素材文件，分别将其拖动到新建文档中，每个素材都对应下面的灰色正圆形，将"不透明度"均设置为30%，效果如图10-96所示。

图10-96

15 分别执行菜单"图层|创建剪贴蒙版"命令，效果如图10-97所示。

图10-97

16 在灰色半圆图像上输入文字，效果如图10-98所示。

图10-98

图10-101

17 新建一个图层并将其填充黑色，执行菜单"滤镜|渲染|镜头光晕"命令，打开"镜头光晕"对话框，其中的参数值设置如图10-99所示。

图10-99

18 设置完成后，单击"确定"按钮。在"图层"面板中设置图层混合模式为"滤色"，效果如图10-100所示。

20 按Enter键完成变换。在"图层"面板中单击"添加图层蒙版"按钮 ，为图层添加一个图层蒙版，使用"渐变工具" 编辑图层蒙版。至此，本案例制作完成，效果如图10-102所示。

图10-100

19 按Ctrl+T组合键调出变换框，拖动控制点将其进行旋转，效果如图10-101所示。

图10-102

10.8 优秀作品欣赏

本章重点：

- UI设计的概述与应用
- UI的分类
- UI的色彩基础
- UI的设计原则
- 商业案例——翻页登录效果界面
- 商业案例——链接页面
- 优秀作品欣赏

第 11 章
UI设计

本章主要从UI的分类、设计准则等方面着手，介绍UI设计的相关知识与应用，并通过质感风格和扁平风格两个UI案例，引导读者理解UI设计的应用以及制作方法，使读者能够快速掌握UI设计的特点与应用形式。

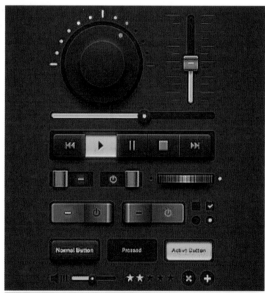

★★★★ 11.1 UI设计的概述与应用

UI（User Interface）即用户界面，UI 设计是指对软件的人机交互、操作逻辑、界面美观的整体设计。它是系统和用户之间进行交互和信息交换的媒介，它实现信息的内部形式与人类可以接受形式之间的转换，好的 UI 设计不仅让软件变得有个性、有品位，还要让软件的操作变得舒适、简

中文版Photoshop+Illustrator商业案例项目设计完全解析

单、自由，充分体现软件的定位和特点，对于 UI 设计大体上可以由图形界面设计（Graphical User Interface）、交互设计（Interaction Design）和用户研究（User Study）来构成，如图11-1所示。

图11-1

11.2　UI的分类

UI在设计时根据界面的具体内容可以将其大体分为以下几类。

1. 环境性界面

环境性UI所包含的内容非常广泛，涵盖政治、经济、文化、娱乐、科技、民族和宗教等领域。

2. 功能性界面

功能性UI是常见的网页类型，它的主要目的就是展示各种商品和服务的特性及功能，以吸引用户消费。我们常见的各种购物UI和各个公司的UI基本属于功能性界面。

3. 情感性界面

情感性界面并不是指UI内容，而是指界面通过配色和版式构建出某种强烈的情感氛围，引起浏览者的认同和共鸣，从而达到预期目的的一种表现手法。

11.3　UI的色彩基础

UI设计与其他的设计一样也十分注重色彩的搭配，想要为界面搭配出专业的色彩，给人一种高端、上档次的感受就需要对色彩基础知识有所了解。

11.3.1　颜色的概念

树叶为什么是绿色的？树叶中的叶绿素大量吸收红光和蓝光，而对绿光吸收最少，大部分绿光被反射出来了，进入人眼，人就看到绿色。

"绿色物体"反射绿光，吸收其他色光，因此看上去是绿色。"白色物体"反射所有色光，因此看上去是白色。颜色其实是一个非常主观的概念，不同动物，其视觉系统也不同，看到的颜色就会不一样。比如，蛇眼不但能察觉可见光，而且还能感应红外线，因此蛇眼看到的颜色就和人眼看到的不同。

11.3.2　色彩三要素

视觉所感知的一切色彩形象，都具有明度、色相和纯度（饱和度）三种性质，这三种性质是色彩最基本的构成元素。

1. 明度

明度指的是色彩的明暗程度。在无彩色中，明度最高的色为白色，明度最低的色为黑色，中间存在一个从亮到暗的灰色系列，如图11-2所示。在有彩色中，任何一种纯度色都有着自己的明度特征。例如，黄色为明度最高的色，处于光谱的中心位置，紫色是明度最低的色，处于光谱的边缘，一个彩色物体表面的光反射率越大，对视觉刺激的程度越大，看上去就越亮，这一颜色的明度就越高，如图11-3所示。

> **温馨提示**
>
> 在UI设计中，明度的应用主要为使用同一颜色时不同明暗的界面效果。

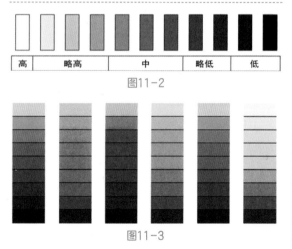

| 高 | 略高 | 中 | 略低 | 低 |
图11-2

图11-3

2. 色相

色相指的是色彩的相貌。在可见光谱上，人的视觉能感受到红、橙、黄、绿、蓝、紫这些不同特征的色彩，人们给这些可以相互区别的色定出名称，当人们称呼到其中某一色的名称时，就会有一个特定的色彩印象，这就是色相的概念。正是由于色彩具有这种具体相貌的特征，我们才能感受到一个五彩缤纷的世界。

如果说明度是色彩隐秘的骨骼，色相就很像色彩外表的华美肌肤。色相体现着色彩外向的性格，是色彩的灵魂。

最初的基本色相为红、橙、黄、绿、蓝、紫。在各色中间加插一两个中间色，其头尾色相按光谱顺序为红、红橙、橙、黄橙、黄、黄绿、绿、蓝绿、蓝、蓝紫、紫、红紫。在相邻的两个基本色相中间再加一个中间色，可制出12基本色相，如图11-4所示。

这12色相的色调变化，在光谱色感上是均匀的。如果进一步再找出其中间色，便可以得到24个色相，如图11-5所示。

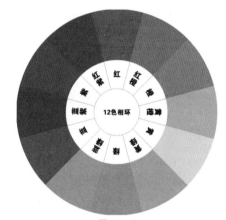

图11-4

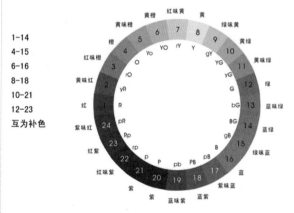

图11-5

3. 饱和度

饱和度指的是色彩的鲜艳程度，它取决于一处颜色的波长单一程度。人们的视觉能辨认出的有色相感的色，都具有一定程度的鲜艳度，比如红色，当它混入了白色时，虽然仍旧具有红色相的特征，但它的鲜艳度降低了，明度提高了，成为淡红色；当它混入黑色时，鲜艳度降低了，明度变暗了，成为暗红色；当混入与红色明度相似的中性灰时，它的明度没有改变，饱和度降低了，成为灰红色，如图11-6所示的图像为饱和度色标。

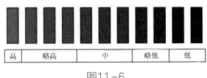

| 高 | 略高 | 中 | 略低 | 低 |

图11-6

11.3.3 色彩的混合

了解如何创建颜色以及如何将颜色相互关联可让您在 Photoshop 中更有效地工作。只有对基本颜色理论有了了解，才能将作品生成一致的结果，而不是偶然获得某种效果。在对颜色进行创建的过程中，大家可以依据加色原色（RGB）、减色原色（CMYK）和色轮来完成最终效果。

加色原色是指3种色光（红色、绿色和蓝色），当按照不同的组合将这3种色光添加在一起时，可以生成可见色谱中的所有颜色。添加等量的红色、蓝色和绿色光可以生成白色。完全缺少红色、蓝色和绿色光将导致生成黑色。计算机的显示器就是使用加色原色来创建颜色的设备，如图11-7所示。

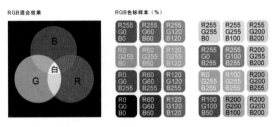

图11-7

减色原色是指一些颜料，当按照不同的组合将这些颜料添加在一起时，可以创建一个色谱。与显示器不同，打印机使用减色原色（青色、洋红色、黄色和黑色颜料）并通过减色混合来生成颜色。使用"减色"这个术语是因为这些原色都是纯色，将它们混合在一起后生成的颜色都是原色的不纯版本。例如，橙色是通过将洋红色和黄色进行减色混合创建的，如图11-8所示。

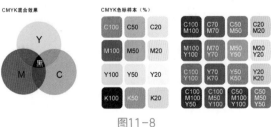

图11-8

初次调整颜色分量，在处理色彩平衡时，手头有一个标准色轮图表会很有帮助。可以使用色轮来预测一个颜色分量中的更改如何影响其他颜色，并了解这些更改如何在 RGB 和 CMYK 颜色模型之间转换。

例如，通过增加色轮中相反颜色的数量，可以减少图像中某一颜色的数量，反之亦然。在标准色轮上，处于相对位置的颜色被称作补色。同样，通过调整色轮中两个相邻的颜色，甚至将两个相邻的色彩调整为其相反的颜色，可以增加或减少一种颜色。

在 CMYK 图像中，可以通过减少洋红色数量或增加其互补色的数量来减淡洋红色，洋红色的互补色为绿色（在色轮上位于洋红色的相对位置）。在 RGB 图像中，可以通过删除红色和蓝色或通过添加绿色来减淡洋红。所有这些调整都会得到一个包含较少洋红的整体色彩平衡，如图11-9所示。

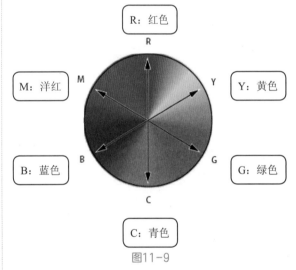

R：红色

M：洋红

Y：黄色

B：蓝色

G：绿色

C：青色

图11-9

三原色：RGB颜色模式由红、绿、蓝三种颜色定义的原色主要应用于电子设备中，比如电视和计算机，但是在传统摄影中也有应用。在电子时代之前，基于人类对颜色的感知，RGB颜色模型已经有了坚实的理论支撑，如图11-10所示。

在美术上又把红、黄、蓝定义为色彩三原色，但是品红加适量黄可以调出大红（红=M100+Y100），而大红却无法调出品红；青加适量品红可以得到蓝（蓝=C100+M100），而蓝加绿得到的却是不鲜艳的青；用黄、品红、青三色能调配出更多的颜色，而且纯正并鲜艳。用青加黄调出的绿（绿=Y100+C100），比蓝加黄调出的绿更加纯正与鲜艳，而后者调出的却较为灰暗；品红加青调出的紫是很纯正的（紫=C20+M80），而大红加蓝只能得到灰紫等。此外，从调配其他颜色的情况来看，都是以黄、品红、青为其原色，色彩更为丰富、色光更为纯正而鲜艳（在3ds Max中，三原色为红、黄、蓝），如图11-11所示。

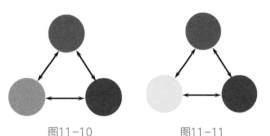

图11-10　　　　　　　图11-11

二次色：在RGB颜色模式中由红色+绿色变为黄色、红色+蓝色变为紫色、蓝色+绿色变为青色；在绘画中三原色的二次色为红色+黄色变为橙色、黄色+蓝色变为绿色、蓝色+红色变为紫色，如图11-12所示。

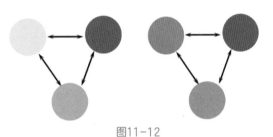

图11-12

11.3.4　色彩的分类

色彩主要分为两大类：有彩色和无彩色。有彩色是指诸如红、绿、蓝、青、洋红和黄等具有"色相"属性的颜色；无彩色则指黑、白和灰等中性色。

1. 无彩色

无彩色是指黑色、白色，以及这两种颜色混合而成的各种深浅不同的灰色，如图11-13所示。

无彩色（黑、白、灰）

图11-13

无彩色不具备"色相"属性，因此也就无所谓饱和度。从严格意义上讲，无彩色只是不同明度的具体体现。

无彩色虽然不像有彩色那样多姿多彩，引人注目，但在设计中却有着无可取代的地位。因为中性色可以和任何有彩色完美地搭配在一起，所以常被用于衔接和过渡多种"跳跃"的颜色。在日常生活中，人们所看到的颜色都或多或少包含一些中性色的成分，所以才会呈现如此丰富多彩的视觉效果，无色彩UI如图11-14所示。

图11-14

2. 有彩色

有彩色是指人们能够看到的所有色彩，包括各种原色、原色之间的混合色，以及原色与无彩色之间的混合所生成的颜色，有彩色中的任何一种颜色都具备完整的"色相""饱和度"和"明度"属性，如图11-15所示。

图11-15

图11-15（续）

11.4 UI的设计原则

UI 设计是一个系统化整套的设计工程，看似简单，其实不然，在这套"设计工程"中一定要按照设计原则进行设计，UI 的设计原则主要有以下几点。

1. 简易性

在整个 UI 设计的过程中一定要注意设计的简易性，界面的设计一定要简洁、易用且好用。让用户便于使用，便于了解，并能最大限度地减少选择性的错误。

2. 一致性

一款成功的UI设计应该拥有一个优秀的界面，同时也是所有优秀界面所具备的共同特点，UI的应用必须清晰一致，风格与实际应用内容相同，所以在整个设计过程中应保持一致性。

3. 提升用户的熟知度

用户在第一时间内接触到界面时必须是之前所接触到或者已掌握的知识，新的应用绝对不能超过一般常识，比如无论是拟物化的写实图标设计还是扁平化的界面都要以用户所掌握的知识为基准。

4. 可控性

可控性在设计过程中起到了先决性的条件，在设计之初就要考虑到用户想要做什么，需要做什么，而此时在设计中就要加入相应的操控提示。

5. 记性负担最小化

一定要科学地分配应用中的功能说明，力求操作最简化，从人脑的思维模式出发，不要打破传统的思维方式，不要给用户增加思维负担。

6. 从用户的角度考虑

想用户所想，思用户所思，研究用户的行为，因为大多数的用户是不具备专业知识的，他们往往从自身的行为习惯出发进行思考和操作，在设计的过程中把自己列为用户，以切身体会去设计。

7. 顺序性

一款功能齐全的UI应用应该在功能上按一定规律进行排列，一方面可以让用户在极短的时间内找到自己需要的功能，另一方面可以拥有直观的简洁易用的感受。

8. 安全性

无论任何UI的应用，在用户进行切身体会自由选择操作时，他所做出的这些动作都应该是可逆的，比如在用户做出一个不恰当或者错误操作的时候应当有危险信息介入。

9. 灵活性

快速高效率及整体满意度在用户看来都是人性化的体验，在设计过程中需要尽可能地考虑到特殊用户群体的操作体验，比如残疾人、色盲者、语言障碍者等，这一点可以在 iOS 操作系统上得到最直观的感受。

11.5 商业案例——翻页登录效果界面

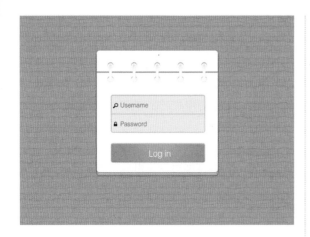

11.5.1　翻页登录效果界面的设计思路

　　UI登录界面设计大致上分为质感效果和扁平效果两种样式，本例中的翻页登录界面属于扁平表现效果，此类型的效果在设计时使用的软件多数以Illustrator绘制登录的主体内容，再通过Photoshop制作出此UI的表现效果。

　　本案例是一个翻页登录效果界面，在设计时使用了翻转连接环的设计，通过连接环可以达到翻页的目的，输入用户名和密码后单击登录按钮，整个UI区域会出现一个翻页的效果。

11.5.2　配色分析

　　本案例属于UI登录界面配色中典型的无色彩案例，配色以灰色作为翻页显示的背景，登录按钮以橘色扁平效果进行显示，用户名和密码区以灰色加上深灰色描边作为此区域的组成部分，翻转环和上下两个部分以淡灰色进行显示，这样可以更加清晰地显示出登录内容区的效果，如图11-16所示。

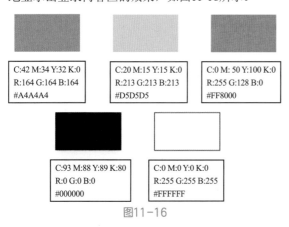

C:42 M:34 Y:32 K:0 R:164 G:164 B:164 #A4A4A4	C:20 M:15 Y:15 K:0 R:213 G:213 B:213 #D5D5D5	C:0 M:50 Y:100 K:0 R:255 G:128 B:0 #FF8000
C:93 M:88 Y:89 K:80 R:0 G:0 B:0 #000000	C:0 M:0 Y:0 K:0 R:255 G:255 B:255 #FFFFFF	

图11-16

图11-16（续）

11.5.3　构图布局

　　本案例中的扁平翻页登录界面以圆角矩形作为整体形状，中间部分按照从上向下的布局方式进行构图，如图11-17所示。

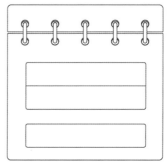

图11-17

11.5.4　使用Illustrator绘制翻页效果界面

■　制作流程

　　本案例主要使用工具箱中的工具绘制矩形、圆角矩形、正圆、椭圆形状，为其添加合适的填充和描边，再为其添加"内发光"和"投影"效果，以及填充并调整渐变色，具体操作流程如图 11-18所示。

■　技术要点

　　➢　绘制矩形；

　　➢　绘制圆角矩形；

　　➢　绘制正圆形；

　　➢　应用"内发光"和"投影"样式；

　　➢　插入符号；

　　➢　输入文字。

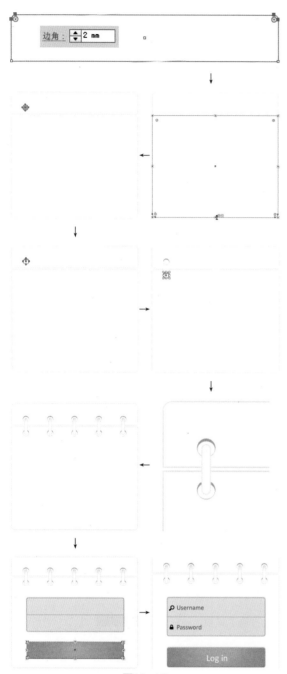

图11-18

■ 操作步骤

背景与翻转环的制作

01 启动Illustrator CC软件，新建一个空白文档。使用"矩形工具"□绘制一个接近于白色的矩形，将"描边"填充为灰色，如图11-19所示。

图11-19

02 使用"直接选择工具" ▶选择上面的两个矩形角点，再拖动圆角控制点，将其调整成圆角矩形，直到"边角"为2mm，效果如图11-20所示。

图11-20

03 按Ctrl+C组合键，再按Ctrl+F组合键在前面复制一个副本，使用"选择工具" ▶向下拖动底部的边，将矩形变大，效果如图11-21所示。

图11-21

04 使用"椭圆工具"◯在上面的矩形上绘制一个灰色正圆形和一个白色椭圆形，效果如图11-22所示。

图11-22

05 使用"选择工具" ▶选择灰色正圆形和白色椭圆形，按住Alt键将其向下拖动，复制一个副本，如图11-23所示。

图11-23

06 使用"圆角矩形工具"  绘制一个"填充"为白色、"描边"为灰色的圆角矩形，如图11-24所示。

图11-24

07 执行菜单"效果/风格化/内发光"命令，打开"内发光"对话框，其中的参数值设置如图11-25所示。

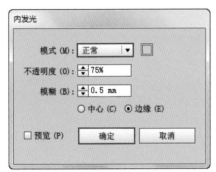

图11-25

08 设置完成后，单击"确定"按钮，效果如图11-26所示。

图11-26

09 复制圆角矩形得到一个副本，将"填充"设置为灰色，如图11-27所示。

图11-27

10 执行菜单"窗口|透明度"命令，打开"透明度"面板，单击"制作蒙版"按钮，效果如图11-28所示。

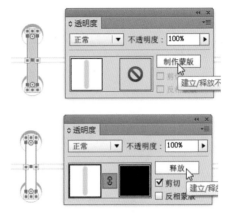

图11-28

11 选择"蒙版"缩览图，使用"矩形工具"  绘制一个矩形，效果如图11-29所示。

图11-29

12 执行菜单"窗口|渐变"命令，打开"渐变"面板，设置参数如图11-30所示。

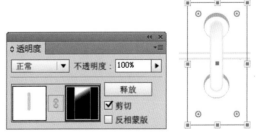

图11-30

13 选择"图形"缩览图，选择除圆角矩形以外的图形，按Ctrl+G组合键将其群组，如图11-31所示。

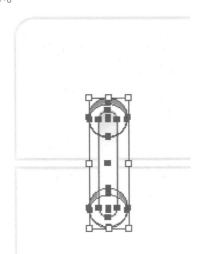

图11-31

14 复制4个副本，水平均匀放置到右侧。至此，背景和翻转环部分制作完成，效果如图11-32所示。

图11-32

按钮及输入区域的制作

01 选择"圆角矩形工具" 后，单击页面处，打开"圆角矩形"对话框，设置"圆角半径"为1.5mm，单击"确定"按钮。将自动绘制的圆角矩形删除，再使用"圆角矩形工具"在页面中绘制一个圆角矩形，设置"填充"为灰色、"描边"为淡灰色，如图11-33所示。

图11-33

02 执行菜单"效果|风格化|投影"命令，打开"投影"对话框，其中的参数值设置如图11-34所示。

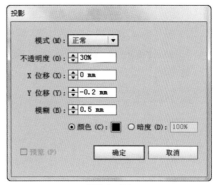

图11-34

03 设置完成后，单击"确定"按钮，效果如图11-35所示。

图11-35

04 使用"直线段工具" 在圆角矩形上绘制一条灰色直线，效果如图11-36所示。

图11-36

05 选择圆角矩形，复制一个副本并将其向下移动，调整大小，效果如图11-37所示。

图11-37

06 在"渐变"面板中设置渐变，如图11-38所示。

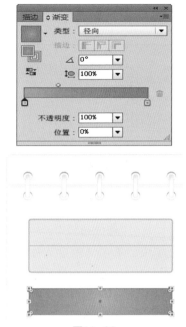

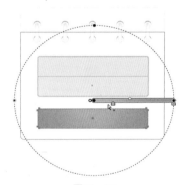

图11-38

07 使用"渐变工具" ▣调整渐变，效果如图11-39所示。

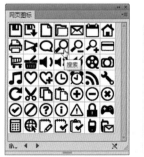

图11-39

08 执行菜单"窗口|符号库|网页图标"命令，打开"网页图标"面板，选择其中的"搜索"符号，将其拖动到页面中，调整大小和位置，效果如图11-40所示。

图11-40

09 选择"锁"符号，将其拖动到页面中，调整大小和位置，效果如图11-41所示。

图11-41

10 使用"文字工具" T输入对应的文字。至此，本案例制作完成，效果如图11-42所示。

图11-42

11.5.5 使用Photoshop制作翻页登录展示效果

■ 制作流程

本案例主要新建文档并填充"木质"图案，

新建图层填充"裂痕"图案，粘贴矢量为像素，为其添加"投影"图层样式，复制两个副本，具体操作流程如图11-43所示。

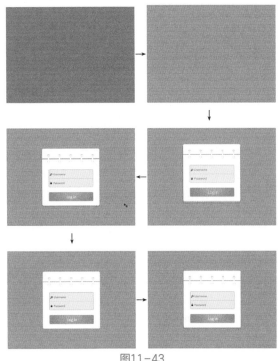

图11-43

■ 技术要点
  ➢ 新建文档；
  ➢ 将填充图案设置为"图案"；
  ➢ 填充"木质"图案；
  ➢ 填充"裂痕"图案；
  ➢ 设置图层混合模式为"强光"；
  ➢ 设置"不透明度"；
  ➢ 添加"投影"图层样式；
  ➢ 复制图层并移动位置。

■ 操作步骤
01 启动Photoshop CC软件，新建一个空白文档。执行菜单"编辑|填充"命令，打开"填充"对话框。在"使用"下拉列表框中选择"图案"选项，在"自定图案"拾色器中单击"弹出菜单"按钮 ✿，在弹出的下列菜单中选择"图案"命令，如图11-44所示。

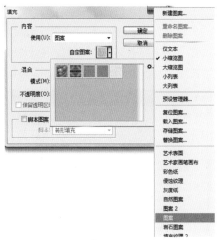

图11-44

02 选择"图案"命令后，弹出警告对话框，如图11-45所示。

图11-45

03 单击"确定"按钮，会用"图案"替换之前的图案，选择其中的一个"木质"图案，如图11-46所示。

图11-46

04 选择图案后，单击"确定"按钮，效果如图11-47所示。

图11-47

05 新建一个图层，执行菜单"编辑|填充"命令，打开"填充"对话框，在"使用"下拉列表框中选择"图案"选项，在"自定图案"下拉面板中选择"裂痕"，如图11-48所示。

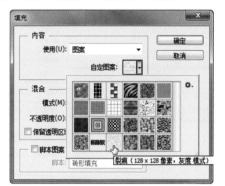

图11-48

06 设置完成后，单击"确定"按钮。在"图层"面板中设置图层混合模式为"强光"、"不透明度"为29%，效果如图11-49所示。

图11-49

07 在Illustrator CC中选择刚刚绘制的UI图形，按Ctrl+C组合键将其进行复制，再在Photoshop CC中按Ctrl+V组合键，弹出"粘贴"对话框，如图11-50所示。

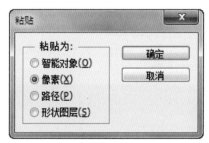

图11-50

08 选中"像素"单选按钮后，单击"确定"按钮，效果如图11-51所示。

图11-51

09 执行菜单"图层|图层样式|投影"命令，打开"图层样式"对话框，勾选"投影"复选框，其中的参数值设置如图11-52所示。

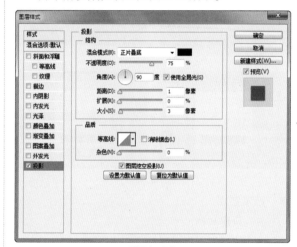

图11-52

10 设置完成后，单击"确定"按钮，效果如图11-53所示。

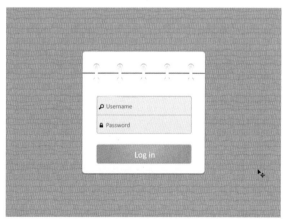

图11-53

11 按Ctrl+J组合键复制一个图层，按键盘上的向上方向键4次，效果如图11-54所示。

图11-54

⑫ 再按Ctrl+J组合键复制一个图层，按键盘上的向上方向键4次。至此，本案例制作完成，效果如图11-55所示。

图11-55

11.6 商业案例——链接页面

11.6.1 链接页面的设计思路

随着苹果在UI中率先使用扁平风格，引领了整个UI的跟风，扁平风格已经在绝大多数的数码设备中得到了大量的应用，此类风格的设计多数以矢量软件来制作，后期的展示效果可以使用Photoshop来完成。

本案例制作的链接页面就是一款典型的偏平风格效果，该页面是一个二级页面。上部显示当前手机顶端内容以及该页面的标题，往下是与主题相对应的图片，再往下是该页面进行链接的三级页面图标，再下面是文字和分割区域显示的下一页面标题。

11.6.2 配色分析

本案例属于UI配色中典型的无色彩案例，配色以深灰色作为UI的显示背景，除了带颜色的图片以及图标外，其他的配色就是青色，如图11-56所示。

C:42 M:34 Y:32 K:0 R:164 G:164 B:164 #A4A4A4	C:20 M:15 Y:15 K:0 R:213 G:213 B:213 #D5D5D5	C:71 M: 28 Y:0 K:10 R:57 G:155 B:236 #399BEC	C:0 M:0 Y:0 K:0 R:255 G:255 B:255 #FFFFFF

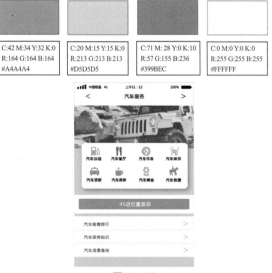

图11-56

11.6.3　构图布局

本案例中的链接页面在布局上以上下结构作为整体的布局，灰色、白色及其辅色的青色蓝把整体进行了划分，可以让此页面的功能更方便地体现出来，如图11-57所示。

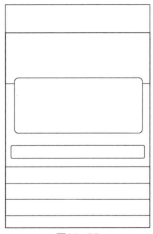

图11-57

11.6.4　使用Illustrator制作链接页面

■　制作流程

本案例主要利用"矩形工具" ▣ 和"圆角矩形工具" ▣ 绘制矩形和圆角矩形，置入素材应用"剪贴蒙版"命令并设置"不透明度"，为图形添加"投影"效果，粘贴图标改变颜色，具体流程如图 11-58所示。

■　技术要点

- ➢ 使用"矩形工具"绘制矩形；
- ➢ 使用"钢笔工具"绘制封闭轮廓；
- ➢ 应用"剪贴蒙版"；
- ➢ 设置"不透明度"；
- ➢ 绘制圆角矩形；
- ➢ 添加"投影"样式；
- ➢ 绘制直线段；
- ➢ 输入文字。

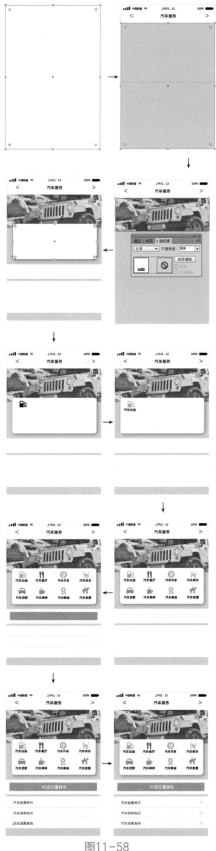

图11-58

中文版Photoshop+Illustrator商业案例项目设计完全解析

■ 操作步骤

01 启动Illustrator CC软件，新建一个空白文档。使用"矩形工具" ▢在页面中绘制一个白色矩形，设置"描边"颜色为浅灰色，如图11-59所示。

图11-59

02 再使用"矩形工具" ▢在左上角绘制4个黑色矩形，如图11-60所示。

图11-60

03 使用 ✒ "钢笔工具"绘制一个封闭轮廓，如图11-61所示。

图11-61

04 选择黑色矩形和前面的轮廓，执行菜单"对象|剪切蒙版|建立"命令，为黑色矩形创建剪切蒙版，效果如图11-62所示。

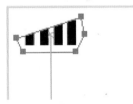

图11-62

05 使用"圆角矩形工具" ▢和"矩形工具" ▢绘制一个黑色电池，效果如图11-63所示。

图11-63

06 使用"文字工具" T输入文字，如图11-64所示。

图11-64

07 使用"钢笔工具" ✒绘制一个拐角，再复制一个副本，使用"镜像工具" ▣将其进行翻转，效果如图11-65所示。

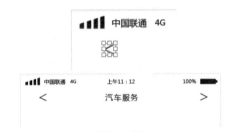

图11-65

08 使用"矩形工具" ▢绘制一个灰色矩形，效果如图11-66所示。

图11-66

09 置入"汽车.jpg"素材文件，使用"矩形工具" ▢在素材上面绘制一个矩形轮廓，效果如图11-67所示。

图11-67

10 选择轮廓和素材，执行菜单"对象|剪切蒙版|建立"命令，为黑色矩形创建剪切蒙版，设置"不透明度"为56%，效果如图11-68所示。

图11-68

11 使用"矩形工具"绘制两个白色矩形，使用"圆角矩形工具"绘制一个白色圆角矩形，效果如图11-69所示。

图11-69

12 选择圆角矩形，执行菜单"效果|风格化|投影"命令，打开"投影"对话框，其中的参数值设置如图11-70所示。

图11-70

13 设置完成后，单击"确定"按钮，效果如图11-71所示。

图11-71

14 打开"图标"素材文件，选择其中的"加油"素材，按Ctrl+C组合键进行复制，转换到新建文档中，按Ctrl+V组合键将其粘贴到文档中并移动位置，如图11-72所示。

图11-72

15 将图形填充为橘色，使用"文字工具"输入文字，效果如图11-73所示。

图11-73

16 使用同样的方法，粘贴一些图标，改变颜色后输入文字，效果如图11-74所示。

图11-74

⑰ 使用"圆角矩形工具" ▢ 绘制一个青色圆角矩形，效果如图11-75所示。

图11-75

⑱ 使用"直线段工具" ⁄ 绘制两条灰色线段，效果如图11-76所示。

图11-76

⑲ 使用"文字工具" Ⓣ 输入白色和灰色文字，效果如图11-77所示。

图11-77

⑳ 复制上面的拐角图标，将其改为灰色。至此，本案例制作完成，效果如图11-78所示。

图11-78

11.6.5 使用Photoshop制作链接页面展示效果

■ 制作流程

本案例主要新建文档并填充"红岩"图案，新建一个图层填充"浅色大理石"图案，设置图层混合模式并盖印图层，置入素材并为其添加"投影"效果，通过"图层蒙版"制作倒影，具体操作流程如图 11-79所示。

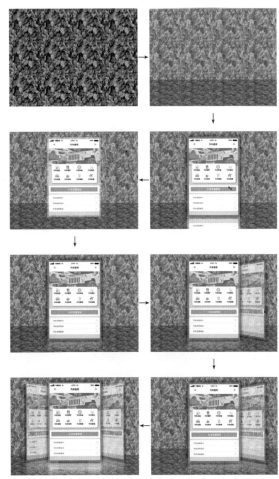

图11-79

■ 技术要点

> 新建文档；

> 将填充图案设置为"岩石图案"；

> 填充"红岩"图案；

> 填充"浅色大理石"图案；

> 设置图层混合模式；

> 设置"不透明度"；

> 添加"投影"图层样式；

> 复制图层进行垂直翻转并移动位置；

> 添加"图层蒙版";
> 使用"渐变工具"编辑蒙版。

■ 操作步骤

背景的制作

01 启动Photoshop CC软件,新建一个空白文档。执行菜单"编辑|填充"命令,打开"填充"对话框。在"使用"下拉列表框中选择"图案"选项,在"自定图案"拾色器中单击"弹出菜单"按钮 ✿,,在弹出的下拉菜单中选择"岩石图案"命令,如图11-80所示。

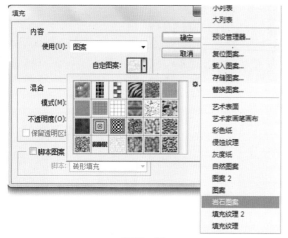

图11-80

02 选择"岩石图案"命令后,弹出警告对话框,如图11-81所示。

图11-81

03 单击"确定"按钮,会用"岩石图案"替换之前的图案,选择其中的一个"红岩"图案,如图11-82所示。

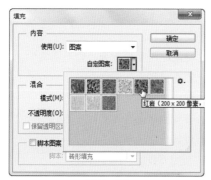

图11-82

04 选择图案后,单击"确定"按钮,效果如图11-83所示。

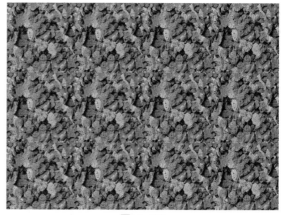

图11-83

05 新建一个图层,执行菜单"编辑|填充"命令,打开"填充"对话框。在"使用"下拉列表框中选择"图案"选项,在"自定图案"下拉面板中选择"浅色大理石",如图11-84所示。

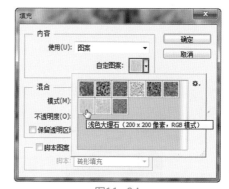

图11-84

06 设置完成后,单击"确定"按钮。在"图层"面板中设置图层混合模式为"排除",效果如图11-85所示。

图11-85

07 按Ctrl+Shift+Alt+E组合键盖印图层后,得到一个"图层2"图层,如图11-86所示。

图11-86

08 按Ctrl+T组合键调出变换框，拖动控制点，将
图像缩小，如图11-87所示。

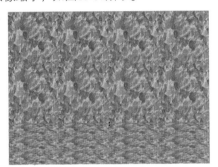

图11-87

09 按Enter键完成变换。执行菜单"图像|调整|亮度/
对比度"命令，打开"亮度/对比度"对话框，
其中的参数值设置如图11-88所示。

图11-88

10 设置完成后，单击"确定"按钮。至此，背景
部分制作完成，效果如图11-89所示。

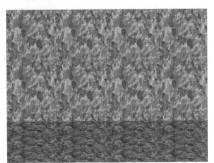

图11-89

展示及倒影的制作

01 执行菜单"文件|置入"命令，选择使用

Illustrator制作链接页面后，系统会弹出"置入
PDF"对话框，如图11-90所示。

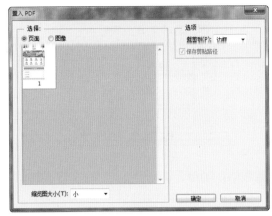

图11-90

02 设置参数后，单击"确定"按钮，将矢量图形
置入当前文档中，如图11-91所示。

图11-91

03 在置入的图层下面新建一个图层，使用"矩形
选框工具" ▥绘制一个矩形选区，将其填充
为白色，设置"不透明度"为39%，效果如
图11-92所示。

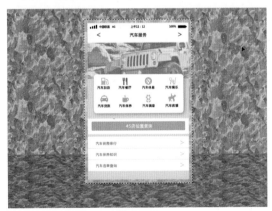

图11-92

图11-92（续）

04 按Ctrl+D组合键取消选区，选择"界面"图层，按Ctrl+E组合键将其与下面图层合并。执行菜单"图层|图层样式|投影"命令，打开"图层样式"对话框，勾选"投影"复选框，其中的参数值设置如图11-93所示。

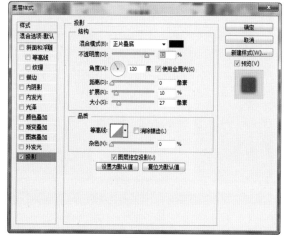

图11-93

05 设置完成后，单击"确定"按钮，效果如图11-94所示。

图11-94

06 按Ctrl+J组合键复制一个副本，执行菜单"编

辑|变换|垂直翻转"命令，将副本进行翻转并移动位置，隐藏"投影"图层样式，效果如图11-95所示。

图11-95

07 在"图层"面板中单击"添加图层蒙版"按钮，为图层添加空白蒙版，使用"渐变工具"编辑蒙版，效果如图11-96所示。

图11-96

08 再复制一个界面，将其向右移动，改变图层顺序，效果如图11-97所示。

图11-97

09 按Ctrl+T组合键调出变换框，按住Ctrl+Shift+Alt组合键拖动控制点将图像进行透视处理，效果如图11-98所示。

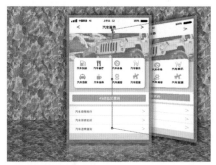

图11-98

10 释放Ctrl+Shift+Alt组合键后拖动控制点将图像进行缩放处理，效果如图11-99所示。

图11-99

11 按Enter键完成变换。执行菜单"滤镜|模糊|进一步模糊"命令两次。在"图层"面板中设置图层混合模式为"变亮"、"不透明度"为70%，效果如图11-100所示。

图11-100

12 复制一个副本后，执行菜单"编辑|变换|垂直翻转"命令，将副本进行翻转并移动位置，隐藏"投影"图层样式，效果如图11-101所示。

图11-101

13 按Ctrl+T组合键调出变换框，按住Ctrl键拖动控制点调整图像，效果如图11-102所示。

图11-102

14 按Enter键完成变换。在"图层"面板中单击"添加图层蒙版"按钮 🔲，为图层添加空白蒙版，使用"渐变工具" 🔳 编辑蒙版，效果如图11-103所示。

图11-103

15 使用同样的方法，制作出左侧的图像和倒影。至此，本案例制作完成，效果如图11-104所示。

图11-104

11.7 优秀作品欣赏

中文版Photoshop+Illustrator商业案例项目设计完全解析